Ueber die Volumen- und Formänderungen des Stahles beim Härten.

Dissertation

zur

Erlangung der Würde eines Doktor-Ingenieurs.

Der

Königlichen Technischen Hochschule zu Berlin

vorgelegt am 8. Oktober 1913

von

Dipl.-Ing. E. Hermann Schulz,

Kgl. Militär-Baumeister

aus Bochum.

Genehmigt am 12. Dezember 1913.

1914

ISBN 978-3-662-22907-1   ISBN 978-3-662-24849-2 (ebook)
DOI 10.1007/978-3-662-24849-2

Referent: Geh. Regierungsrat Prof. Mathesius.
Korreferent: Dozent Dr.-Ing. Hanemann.

Meiner Mutter.

Inhaltsverzeichnis.

Seite
I. Einleitung. Literatur. Plan vorliegender Arbeit 7
II. Untersuchung der Volumverhältnisse der einzelnen Gefügebestandteile des abgeschreckten und angelassenen Stahles durch Studium der spezifischen Gewichte 12
   a) Arbeitsmethode und Material 12
   b) Volumverhältnisse des Martensits in Bezug auf Abschrecktemperatur und Abschreckmittel 15
   c) Volumverhältnisse reinen Elektrolyteisens und Kupfers bei thermischer Behandlung 18
   d) Volumverhältnisse der einzelnen Anlaßgefügebestandteile des Kohlenstoffstahles 21
   e) Studium der Wirkung einiger Spezialzusätze auf die Volumenverhältnisse beim Abschrecken und Anlassen 25
   f) Diskussion der Ergebnisse 29
III. Untersuchung der Volum- und Formänderungen beim Abschrecken größerer Stücke 33
   a) Abschreckversuche mit langen dünnen Stäben (Längenmessungen) 33
   b) Abschreckversuche mit verschieden geformten größeren Stücken
      1) Messung der Längenänderungen nach den verschiedenen Richtungen 35
      2) Untersuchung des Gefüges im Innern abgeschreckter großer Stücke 41
   c) Diskussion der Ergebnisse und Erklärung der festgestellten Erscheinungen. Die Spannungen im gehärteten Stahl 45
IV. Schluß. Zusammenfassung, praktische Anwendungen, weitere Aussichten 48

Literaturverzeichnis.

1) Ledebur, Handbuch der Eisenhüttenkunde.
2) Reiser, Das Härten des Stahls in Theorie und Praxis.
3) Thallner, Der Werkzeugstahl.
4) Thallner, Der Konstruktionsstahl.
5) Thallner, Ueber Spannungen im gehärteten Stahl größeren Querschnittes. (Stahl und Eisen 1899 S. 318.)
6) Svendelius, Anormale Längenänderungen von Eisen und Stahl bei Erhitzung und Abkühlung. (Dinglers polytechnisches Journal 1897 S. 111.)
7) Leman und Werner, Längenänderungen an gehärtetem Stahl. (Mechanikerzeitung 1911 S. 167.)
8) Tammann, Ueber den Einfluß des Druckes auf die Umwandlungstemperatur des Eisens. (Zeitschrift für anorganische Chemie 1903 Bd. 37 S. 448.)
9) Maurer, Untersuchungen über das Härten und Anlassen von Eisen und Stahl. (Metallurgie 1909 S. 33.)
10) Benedicks, Recherches physiques et physico-chimiques sur l'acier au carbon. (S. 24.)
11) Heyn und Bauer, Ueber den inneren Aufbau gehärteten und angelassenen Stahles. (Stahl und Eisen 1909 S. 784.)
12) Jung, Studie über die Einwirkung thermischer Behandlung auf die Festigkeitseigenschaften und die Mikrostruktur hypereutektoider Stähle. (Dissertation, Charlottenburg 1910.)
13) Kühnel, Das Verhalten gehärteter und angelassener untereutektoider Stähle. (Dissertation, Charlottenburg 1912.)
14) Hanemann, Beitrag zur Theorie unterkühlter metallischer fester Lösungen nebst einer Untersuchung über den Austenit und Martensit. (Internationale Zeitschrift für Metallographie 1912 S. 127.)
15) Hanemann, Das Gefüge des gehärteten Stahles. (Stahl und Eisen 1912 Nr. 34.)

Ueber die Volumen- und Formänderungen des Stahles beim Härten.

Von Dipl.-Ing. E. Hermann Schulz.

Der Einfluß der Wärmebehandlung auf die verschiedenen Eigenschaften des Stahls ist in neuerer Zeit in weitem Umfange der Gegenstand von Untersuchungen gewesen, sowohl in theoretischer Beziehung, wie auch unter besonderer Berücksichtigung der Härtung in Bezug auf ihre praktische Wichtigkeit. (Unter Härtung ist hier zu verstehen die Unterdrückung der Perlitumwandlung durch Abschrecken mit oder ohne darauffolgendes Anlassen.) Es ist hierbei jedoch bislang eine Erscheinung, die bei der Wärmebehandlung des Stahls sowohl rein wissenschaftlich wie praktisch eine äußerst wichtige, wenn auch in mancher Beziehung sehr unangenehme Rolle spielt, wenig studiert; systematisch und im größeren Umfange ist noch nichts über die Volumen- und Formveränderungen des Stahls beim Härten veröffentlicht worden. Die vorliegende Arbeit hat eine systematische Inangriffnahme dieser Frage zum Ziel.

Die Volumenveränderung und damit verbunden die Formänderung von Stahlstücken beim Härten ist eine an sich in der Praxis allgemein bekannte Erscheinung. Ueber Art und Größe der Volumenänderungen besteht jedoch wenig Klarheit. Nach Reiser[1]) ist beim Härten im allgemeinen eine Volumenvermehrung festzustellen, die — abgesehen von anderen wichtigen Faktoren – um so größer ist, je schneller die Abkühlung erfolgt. Bei wiederholtem Härten soll bei jeder neuen Abschreckung eine neue Vergrößerung des Volumens auftreten, wodurch schließlich ein Reißen des Stückes herbeigeführt wird. Bei Zylindern und Prismen soll sich die Ausdehnung aber nur auf den Durchmesser bezw. auf die beiden kleineren Achsen beziehen, während in der Länge eine Verkürzung eintreten soll. Bei Stahlblechen soll die Dicke zunehmen, während Länge und Breite kleiner werden. Als Beweise gibt Reiser teilweise die Ergebnisse von Langley, Fromme usw. an (über die weiter unten berichtet wird), zum Teil gibt er Beobachtungen aus der Praxis wieder, die jedoch ohne nähere Angaben (Kohlenstoffgehalt, Abmessungen usw.) sind und nur Einzelversuche ohne Berechtigung auf allgemeine Schlüsse darstellen. Er spricht dann auch über die mit den Volumenänderungen im Zusammenhang stehenden Spannungen im gehärteten Stahl und äußert seine Ansicht dahin, daß durch das Abschrecken die äußeren Schichten eines Stückes stark schrumpfen, wodurch ein Druck auf das Innere ausgeübt wird. Die Spannungen sind um so größer, je größer der

---

[1]) Siehe Literaturangabe 2.

Unterschied zwischen der Erwärmung und Abkühlung der äußeren und der inneren Schichten ist, also je massiger das Stück ist; sie werden ferner gesteigert durch verschiedene Querschnitte an einem Stück.

Einzelne Versuche mit dem ausgesprochenen Zweck, etwas über die Volumänderungen festzustellen, wurden zuerst unternommen von Metcalf und Langley[1]). Durch spezifische Gewichtsbestimmungen an von verschiedenen Temperaturen abgeschreckten Stählen mit einem Kohlenstoffgehalt von 0,53 bis 1,08 stellten sie fest, daß das Volumen des Stahls beim Abschrecken sich fast durchweg vergrößert und zwar um so stärker, je höher der Kohlenstoffgehalt ist; auch steigende Abschrecktemperaturen sollen in derselben Richtung wirken; es läßt sich jedoch in dieser Beziehung kein bestimmter Verlauf aus den Versuchen ableiten, deren Wert noch dadurch beeinträchtigt wird, daß die Abschreckungstemperatur nur durch das unsichere Kriterium der Glühfarbe mitgeteilt ist.

Caron[2]) schreckte Stäbe von quadratischem Querschnitt ab und zwar mehrere Male hinter einander (bis zu 30 mal); zwischendurch nahm er Längenmessungen und spezifische Gewichtsbestimmungen vor. Auch er stellte eine Abnahme des spezifischen Gewichts, also eine Volumenvermehrung fest. Nach seinen Angaben wurde aber nur der Querschnitt beim jedesmaligen Abschrecken größer, während die Länge der Stäbe von Fall zu Fall geringer wurde. Seine Versuche enthalten aber Fehler, wie sich aus einer rechnerischen Zusammenstellung der mitgeteilten Volumina und Abmessungen ergibt.

Von geringerer Bedeutung sind Versuche von Demozay[3]), der Stahlstücke verschiedenen Kohlenstoffgehaltes abschreckte und maß. Da er als Abschrecktemperatur meist 600° wählte, kommen seine Versuche hier nicht in Betracht, denn eine Härtung tritt bei dieser Temperatur noch nicht ein.

Etwas umfassender behandelt Thallner[4]) die Frage. Von ihm angestellte Abschreckversuche führen zwar zu keinem eindeutigen Ergebnis — (er mußte fast immer Volumenvermehrung feststellen, und zwar auf Grund von Verlängerungen nach allen Richtungen, soweit sie bei der Kleinheit seiner Versuchsstücke meßbar waren; außerdem stellte er fest, daß größere ebene Flächen meist konkav werden) —, von Bedeutung sind jedoch seine allgemeinen Ausführungen über die Frage. Er unterscheidet in bezug auf Volumveränderung beim Härten zwei Fälle: einmal Stücke, bei denen die Härtung im ganzen Stück gleichmäßig und gleichzeitig erfolgt, also Stücke, bei denen mindestens eine Abmessung sehr klein ist; bei diesen glaubt er, eine Längenzunahme nach allen Richtungen annehmen zu müssen. In der Praxis liegen diese Verhältnisse natürlich nur in seltenen Fällen vor. Zweitens betrachtet er Stücke größerer Abmessungen, bei denen also die Abschreckwirkung von außen nach innen abnimmt. Vor ihm hatten bereits Barus und Strouhal die Wichtigkeit dieses Umstandes für die Volumenveränderung erkannt und auf sie hingewiesen. Bei diesen Stücken ist nach Thallner zu unterscheiden zwischen solchen, die beim Härten stets eine Verkürzung, und solchen, die eine Verkürzung oder eine Verlängerung zeigen. Er ist der Ansicht, daß der Grund für das verschiedenartige Verhalten im verschiedenen Kohlenstoffgehalt liegt. Zu der ersten

---

[1]) Zeitschrift für die Berg- und Hüttenmännische Vereinigung für Steiermark und Kärnten 1880 S. 109.

[2]) von Jüptner, Siderologie II S. 133.

[3]) Revue de Metallurgie 1909 S. 413: «Influence du traitement thermique sur les déformations linéaires des aciers.»

[4]) Siehe Literaturangaben 3 bis 5.

Art sollen Stähle mit mehr, zur zweiten mit weniger als 0,9 vH Kohlenstoff gehören. Allerdings räumt er auch anderen Umständen einen Einfluß auf die Volumenveränderungen ein, so dem Mangangehalt, der Abschrecktemperatur, dem Abschreckmittel usw., ohne jedoch hierüber nähere Angaben zu machen. Des weiteren führt er an, daß die Volumenänderungen beim Härten größer sind, als die durch rein thermische Ausdehnung erhaltenen. Die Formänderungen führt er darauf zurück, daß die Wärmeentziehung bei größeren Stücken an den einzelnen Stellen verschieden ist, wodurch die Volumenveränderungen auch verschieden werden müssen, er weist dabei auch hin auf die durch die verschiedene Wärmeentziehung entstehenden »chemischen Differenzen«, die ebenfalls für die Volumenänderungen eine Rolle spielen sollen. Erwähnt seien ferner noch seine beiden Behauptungen, die auf Beobachtungen aus der Praxis beruhen, daß nämlich bei milderer Abschreckung (in Oel usw.) die Volumenänderungen geringer sind als beim Abschrecken in Wasser und daß durch ein Ausglühen nach dem Abschrecken nicht die Dichte des thermisch nicht behandelten Stoffes wieder erreicht wird, wie auch bei wiederholtem Härten der Volumenunterschied zwischen ausgeglühtem (Anlieferungs-)Zustand und gehärtetem von Fall zu Fall geringer wird.

Benedicks[1]) stellte ebenfalls fest, daß durch Abschrecken eine Volumvermehrung eintritt — er untersuchte den Einfluß von Silicium, Mangan usw. auf diese Erscheinung. Er bezweifelt den Satz, daß beim Härten eine Verkürzung eintreten kann, glaubt vielmehr, daß derartige Erfahrungen auf eine unrichtige Art der Härtung (Fehler in der Richtung und Geschwindigkeit des Eintauchens) zurückzuführen sind. Seine eigenen Versuche aber entsprechen dem nicht ganz. Beim Abschrecken gleich großer Zylinder verschiedenen Kohlenstoffgehaltes stellte er bei untereutektoiden Stählen stets eine Verlängerung fest, die der allgemeinen Volumvermehrung, die mit dem Kohlenstoffgehalt zunimmt, sehr gut entsprach. Beim Stahl mit 1,20 vH Kohlenstoff blieb jedoch die eintretende Verlängerung stark hinter dem zu erwartenden Wert zurück, und bei 1,35 vH Kohlenstoff fand er sogar trotz gleicher Versuchsanordnung eine, wenn auch geringe Verkürzung des Zylinders.

Ueber die Volumenveränderungen, die beim Anlassen gehärteten Stahles vor sich gehen, sind von verschiedenen Seiten bereits Versuche angestellt worden.

Fromme[2]) nahm Dichtemessungen vor an abgeschreckten und angelassenen Stahlproben, deren Kohlenstoffgehalt er aber nicht angibt. Er fand eine höchste Dichte bei ungefähr 450° Anlaßtemperatur. Abgesehen von weniger umfangreichen Versuchen (es wurden nur einige wenige Anlaßstufen untersucht) von Barus und Strouhal machten dann Charpy und Grenet[3]) beachtenswerte Beobachtungen. Allerdings nahmen sie nur Längenmessungen an Stäben vor, ihre Feststellungen beziehen sich demnach nur auf die Aenderungen nach einer Richtung. Nach ihren Versuchen dehnen sich abgeschreckte Stäbe mit einem Kohlenstoffgehalt unter 0,5 vH beim Anlassen ohne Unregelmäßigkeit aus. Abgeschreckte Stäbe mit 0,5 vH bis ungefähr 1,0 vH Kohlenstoff zeigten beim Anlassen eine Zusammenziehung bei ungefähr 300°, bei noch höherem Kohlenstoffgehalt tritt außerdem eine andere Zusammenziehung bei 150° bereits auf. Bei Stücken größeren Volumens sowie bei milderer Abschreckung ließen sich diese Zusammenziehungen nicht feststellen.

---

[1]) Siehe Literaturangabe 10.
[2]) Wiedemanns Annalen 1879 S. 532.
[3]) Soc. d'encourag. 1903 S. 464, 883.

Die Volumenveränderungen beim Anlassen sind dann in sehr umfassender Weise in einer allgemeinen Untersuchung über das Härten und Anlassen von Stahl von Maurer[1]) behandelt worden. Er bestimmte das spezifische Gewicht der Anlaßgefügebestandteile für verschiedene Temperaturen und stellte daraus Kurven auf. Seine Ergebnisse sind:

Bei einem Kohlenstoffgehalt von 0,4 vH wird der Stahl beim Anlassen gleichmäßig spezifisch schwerer mit steigender Anlaßtemperatur, er zieht sich also gleichmäßig zusammen. Ein bei 800° abgeschreckter eutektoider Stahl zeigt ebenfalls zunächst beim Anlassen eine gleichmäßige Volumenverminderung, bei 300° tritt eine schwache Richtungsänderung in der Kurve ein, dann folgt ein weiteres gleichmäßiges Zusammenziehen bis 450°, von wo ab wieder eine leichte Ausdehnung eintritt. Derselbe Stahl bei 1100° abgeschreckt, verhielt sich ähnlich, jedoch trat bereits bei 150° eine Richtungsänderung auf, und die Aenderung bei 300° war stärker als im ersten Falle. Im übereutektoiden Stahl treten die Richtungsänderungen in der Schrumpfungskurve bei 150° und 450° stets auf, die bei 300° nur, wenn von etwa 800° abgeschreckt wird, bei höherer Abschrecktemperatur bleiben sie aus. Ebenso wie Charpy und Grenet stellt demnach Maurer bei Stäben mit einem Kohlenstoffgehalt über 0,4 vH einen besonderen Einfluß der Anlaßstufen von 150°, 300° und 450° auf das Volumen fest.

Von Bedeutung ist ferner noch die Beobachtung Maurers, daß der homogene Austenit ein höheres spezifisches Gewicht hat, als der Martensit, der sich aus demselben durch Eintauchen in flüssige Luft bildet. Da der Austenit die vollkommene Lösung des Fe_3C in Fe darstellt, und der Martensit als ein von dieser irgendwie verschiedener Bestandteil aufgefaßt werden muß, so darf daraus geschlossen werden, daß beim Abschrecken durch die Martensitbildung eine Volumenvermehrung stattfindet — wobei jedoch die rein thermische Zusammenziehung des Stoffes durch die Abkühlung nicht in Betracht gezogen ist; sie wirkt der Volumenvermehrung naturgemäß entgegen. Zu den Versuchen Maurers muß bemerkt werden, daß die Versuchsproben nach seiner Angabe 100 g schwer waren. Bei dieser Größe ist es nicht ausgeschlossen, daß beim Abschrecken (besonders von weniger hohen Temperaturen und bei geringem Kohlenstoffgehalt) keine durchgehende Härtung stattfand, vielmehr im Innern bereits Anlaßwirkung vorlag. Weiter unten wird auf die Bedeutung dieses Umstandes eingegangen werden, der vielleicht die Abweichungen der Ergebnisse Maurers von denen des Verfassers erklärt.

Von Bedeutung für die vorliegende Arbeit sind weiter Feststellungen von Leman und Werner[2]), die Versuche machten, um zu ermitteln, ob durch ganz schwaches Anlassen die Längenänderungen, die gehärtete Stahlstäbe noch lange Zeit nach dem Härten selbsttätig zeigen, beseitigt werden können. Sie fanden, daß ein mehrstündiges Anlassen auf 150° zu diesem Zweck genügt. Wichtig sind die Nebenumstände, die sie mitteilen. Sie stellten aus verschiedenen Stahlsorten, deren Kohlenstoffgehalt sie aber leider nicht angeben, Stäbe von 100 mm Länge und 20 mm Dmr. her und ermittelten die genaue Länge. Darauf ließen sie die Stäbe bei verschiedenen Firmen härten, wobei sie leider die Härtungsverfahren (Temperatur und Härtemittel) nicht mitteilen. Die im Anschluß daran festgestellten Längenänderungen durch das Härten wichen sehr stark von einander ab, und zwar zwischen einer Verlängerung von 0,525 mm einerseits und einer

---

[1]) **Siehe Literaturangabe 9.**
[2]) **Siehe Literaturangabe 7.**

Verkürzung von 0,136 mm andersiets. Das Anlassen auf 150° zeitigte bei sämtlichen Proben eine Verkürzung. Die Unterschiede in der Längenänderung beim Abschrecken suchen Leman und Werner folgendermaßen zu erklären: Bei der Abkühlung tritt auf Grund der thermischen Zusammenziehung, also rein physikalisch, eine Schrumpfung der äußeren Schichten ein; der noch heiße, daher voluminösere Kern hemmt diese jedoch bis zu einem gewissen Grad, so daß der zunächst eintretende Zustand eine Volumenvergrößerung gegenüber dem ursprünglichen darstellt. Bei der dann aber erfolgenden weiteren Abkühlung zieht sich auch der Kern zusammen, und es entstehen Zugspannungen zwischen der äußeren Schicht und dem Innern, die sich auszugleicheu bestrebt sind. Je nach dem Verhältnis des Widerstandes gegen Längen- zu dem gegen Querzusammenziehung ist nun dieser Ausgleich verschieden; überwiegt ersterer, so tritt eine Verlängerung ein, im anderen Fall eine Verkürzung. Diese Unterschiede sollen sich begründen auf der Tiefe des Eindringens der Härtung und zum Teil auf der chemischen Umwandlung der äußeren Schicht durch die Härtung.

Erwähnt seien ferner noch Versuche von Svendelius[1]), der beim Anlassen abgeschreckten Stahles auch Unregelmäßigkeiten in der Volumenveränderung bei 150° und 450°, jedoch nicht bei 300° feststellte.

Zu berücksichtigen sind endlich noch einige Angaben von mehr theoretischer Bedeutung, die aber zur Erklärung mancher Erscheinungen herangezogen werden könnten. Nach Le Chatelier[2]) geht die Umwandlung von α-Eisen in β-Eisen bei reinem Eisen ohne merkliche Volumveränderung vor sich, während die Umwandlung von β-Eisen in γ-Eisen von einer erheblichen Volumenverminderung begleitet ist. Diese Schrumpfung wurde auch in kohlenstoffhaltigem Eisen nachgewiesen. Nach Ausführungen von Tammann[3]) wird daher die Umwandlungstemperatur von β-Eisen beziehungsweise α-Eisen in γ-Eisen durch Druck erniedrigt. Ein Versuch in dieser Richtung ist jedoch nur von Roberts Austen gemacht worden, der den Haltepunkt eines Stahles von 0,9 vH Kohlenstoff einmal bei gewöhnlichem Druck und einmal bei einem Druck von 4700 at bestimmte. Im ersten Fall fand er einen langen Haltepunkt bei 690°, den bekannten Perlitpunkt; im zweiten Fall fand er einen Haltepunkt von allerdings viel kürzerer Dauer bei 560°. Es müßte demnach der Druck von 4700 at eine Erniedrigung der Umwandlungstemperatur von 130° entsprechen. Dies ist allerdings bedeutend mehr, als nach den Beobachtungen der Schrumpfung berechnet werden kann — so daß Tammann die Frage offen läßt, ob dieser tiefe Haltepunkt nicht durch eine andere, noch unbekannte Umwandlung bedingt sein könnte.

In vorliegender Arbeit ist das Ziel gesetzt, die Frage der Volumenveränderungen beim Härten systematisch zu behandeln. Auf Grund des bisher Festgestellten sowie nach der heutigen Kenntnis der Vorgänge beim Härten und Anlassen muß angenommen werden, daß der Grund für die Volumänderungen in den spezifischen Volumenunterschieden der einzelnen Gefügebestandteile des abgeschreckten uud angelassenen Stahles liegt. Es muß ferner angenommen werden, daß für die Volumen- und Form-Aenderungen von Stücken größerer Abmessung die Entstehung verschiedener Gefügebestandteile infolge verschiedener Abkühlungsgeschwindigkeit eine Rolle spielt. Daraus ergab sich der Plan der Arbeit. Es war zunächst notwendig, die bislang gemachten Angaben über die spezifischen Volumenverhältnisse der einzelnen Gefügeformen des Stahls

---

[1]) Siehe Literaturangabe 6.
[2]) Compt. rend. 129 (1899, II) S, 331.
[3]) Siehe Literaturangabe 8.

nachzuprüfen und sie festzulegen, es war also das spezifische Volumen von Stahl zu ermitteln in bezug auf verschiedenen Kohlenstoffgehalt und auf die verschiedenen Zustandsformen. Ferner war dann festzustellen, wie in Stücken größeren Volumens und verschiedener Form die Abschreckung wirkt hinsichtlich der Ausbildung des Gefüges in den einzelnen Querschnitten und hinsichtlich der Aenderung der Abmessungen nach den verschiedenen Richtungen. Unter Verwendung des im ersten Teil Festgesellten war dann zu versuchen, die Aendernng der Volumen- und Formverhältnisse dieser Stücke aus den Gefügeunterschieden rechnerisch zu erklären, unter Prüfung, ob auch andere Gesichtspunkte dazu herangezogen werden müssen.

Die Volumenverhältnisse der verschiedenen einheitlichen Gefügebestandteile des Stahles wurden untersucht durch Feststellung der spezifischen Gewichte, die zu dem spezifischen Volumen sich umgekehrt proportional verhalten. Zur Bestimmung der spezifischen Gewichte wurde das hydrostatische Verfahren benutzt. Die Stahlstücke wurden jeweils sorgfältig blank geschmirgelt, auf der analytischen Wage gewogen, und darauf auf derselben Wage an einem dünnen Draht in Wasser hängend nochmals gewogen. Durch Abzug des Gewichtes des wieder in gleicher Höhe ins Wasser tauchenden Drahtes ergab sich dann aus der zweiten Wägung das Gewicht des verdrängten Wassers und das spezifische Gewicht.

Von anderer Seite ist bei diesem Verfahren statt Wasser Alkohol oder Aethylenbromür gebraucht worden (Heyn und Bauer, Maurer), da eine Einwirkung des Wassers auf den Stahl befürchtet wurde. Vorversuche zeigten jedoch, daß diese Befürchtung unbegründet ist; bei der kurzen Dauer der Wägung ist ein das Ergebnis beeinflussender Angriff des Wassers ausgeschlossen, ein solcher konnte auch dann nicht festgestellt werden, als die Probe absichtlich übertrieben lange im Wasser hängen gelassen wurde. Um eine gute Benetzung herbeizuführen, wurden die Proben vor dem Eintauchen in Wasser mit Alkohol abgewaschen, der dann mit Wasser wieder abgespült wurde. Das Gewicht des Drahtes wurde ständig nachgeprüft. Sämtliche Wägungen geschahen bei einer Temperatur von 18^0 C $\pm 2^0$. Die Angaben müssen daher als absolute Werte des spezifischen Gewichts des Stahls für eine Wassertemperatur von 18^0 aufgefaßt werden. Ein besonderes Augenmerk wurde naturgemäß darauf gerichtet, daß die Stücke keine Härterisse aufwiesen.

Die Genauigkeit des Verfahrens wurde praktisch dadurch festgestellt, daß mehrere Male einzelne Stücke unter verschiedenen Umständen (bei 20^0 C mit neuem Draht, neuem destillierten Wasser usw. einerseits, bei 16^0, mehrfach gebrauchtem Draht und Wasser anderseits) untersucht wurden. Die einzelnen Restimmungen zeigten in ganz wenigen ungünstigen Fällen einen Unterschied von 0,003, die Unterschiede erreichten in den meisten Fällen nicht einmal $\pm$ 0,002 im Wert des spezifischen Gewichts, so daß die Genauigkeit mit $\pm$ 0,002 angenommen werden kann.

Wichtig war ferner Form und vor allem Größe der Probestücke. Mit der Größe der Probestücke mußte die Gefahr des Auftretens verschiedener Gefügebestandteile des Stahles beim Abschrecken wachsen, so daß dann sich nicht das spezifische Gewicht eines einheitlichen Gefügebestandteiles, sondern das Mittel aus mehreren ergeben hätte. Anderseits zeigte sich, daß mit abnehmender Größe der Stücke die Genauigkeit der Bestimmung abnahm, insbesondere dadurch, daß bei der Wägung in Wasser die Wage sehr träge ausschlug. Vorversuche ergaben, daß die günstigste Größe bei Stücken von Scheibengestalt von ungefähr 25 mm Dmr. und 7 mm Höhe lag, die im Durchschnitt 22 g wogen. Sie ergaben beim Abschrecken in Wasser reinen Martensit, wie an verschiedenen Stücken festgestellt wurde. Außerdem lag bei ihnen die Genauigkeitsgrenze der Bestimmungen auch in den ungünstigsten Fällen innerhalb der Grenzen ± 0,002, in den weitaus meisten Fällen sogar innerhalb ± 0,001.

Die zur Verfügung stehenden Stähle sind in folgender Zahlentafel zusammengestellt.

Zahlentafel 1.
Analysen der untersuchten Stähle.

Art	Bezeichnung	C	Mn	Si	P	S	Cu	Cr	Ni
Kohlenstoff-Stähle	$K\,2$	0,16	0,38	0,33	$0,01_7$	$0,01_5$	0,07	—	—
	$K\,3$	0,51	0,62	0,33	$0,04_5$	$0,02_3$	0,07	—	—
	$K\,4$	0,86	0,25	0,23	0,01	$0,03_3$	0,02	—	—
	$K\,5$	1,17	0,31	0,22	0,01	0,02	Spur	—	—
	B	1,10	0,24	0,24	0,02	0,01	0,01	—	—
	M	0,65	0,70	0,21	$0,01_5$	0,02	$0,01_7$	—	—
Nickel-Stähle	$N\,8$	0,09	0,38	0,18	$0,01_5$	0,03	0,08	—	4,12
	$N\,9$	0,31	0,29	0,15	0,02	0,03	0,06	—	3,16
	$N\,0$	0,37	0,22	0,23	$0,01_8$	0,01	0,02	—	5,92
Chrom-Stähle	$C\,2$	0,76	0,42	0,28	$0,01_5$	0,02	0,03	1,00	—
	$C\,3$	0,47	0,27	0,22	0,02	0,02	0,03	2,77	—
Mangan-Stähle	$M\,4$	0,40	0,80	0,49	0,03	0,03	0,06	—	—
	$M\,5$	0,50	1,20	0,59	0,03	0,02	0,08	—	—
	$M\,8$	0,65	1,25	1,20	0,02	0,01	0,02	—	—
Chrom-Nickel-Stähle	$C\,N\,1$	0,11	0,40	0,16	0,02	0,01	0,02	0,57	3,21
	$C\,N\,2$	0,24	0,20	0,23	$0,01_3$	$0,01_5$	0,02	1,93	4,50
	$C\,N\,3$	0,35	0,54	0,21	0,02	0,01	0,03	1,60	3,00

Der Kohlenstoffstahl B war von der Baildon-Hütte, die übrigen Kohlenstoffstähle, sowie die Chrom- und Nickelstähle von der Firma Krupp A.-G., die Mangan- und Chromnickelstähle von dem Krefelder Stahlwerk dem metallographischen Laboratorium der Königlich Technischen Hochschule zu Charlottenburg in dankenswerter Weise zur Verfügung gestellt worden.

Ueber die Wärmebehandlung der Proben ist Folgendes allgemein vorauszuschicken. Das Abschrecken der Proben geschah in den weitaus meisten Fällen, um eine Oxydation und oberflächliche Entkohlung zu verhüten, aus dem Salzbade. Ein hoher schmiedeeiserner Tiegel war in einen Kohlewiderstandsofen eingestellt; das im Tiegel befindliche Salzgemisch aus Bariumchlorid und Kaliumchlorid ließ sich für Abschrecktemperaturen von 800 bis 1050° verwenden. Die Temperaturprüfung geschah mittels Le Chatelierschen Pyrometers. Die Proben wurden ungefähr 12 Minuten im Bade belassen, eine Zeit, die für gleichmäßige Erhitzung der Scheiben vollständig ausreichte. Die abgeschreckten Proben wurden angelassen: für Temperaturen bis 100° im Dampftrockenschrank, für Temperaturen von 100 bis 250° teilweise im Oelbad, teilweise in einem Trockenschrank, für Temperaturen von 250 bis 400° in einem kleinen Salzbad und für noch höhere Temperaturen teilweise im Bleibad, teilweise im Heraeusofen. Beim Anlassen im Heraeusofen wurden die Proben in zwei Wicklungen Asbestpapier eingepackt; zwischen den beiden Wicklungen befand sich eine Lage gepulverte Kohle und Magnesia; außerdem wurde der Heraeusofen am Anfang und am Ende mit Holzkohlestückchen beschickt, so daß eine Oxydation oder Entkohlung praktisch ausgeschlossen war. Tiefere Temperaturen wurden mit dem Quecksilberthermometer, höhere auch hier mit dem Thermoelement gemessen. Selbstverständlich wurden die Proben jeweils nach dem Abschrecken oder Anlassen oberflächlich sehr sorgfältig durch Abschmirgeln mit verschiedenen Schmirgelpapieren gereinigt, wodurch eine trotz aller Vorsichtsmaßregeln doch etwa eingetretene schwache oberflächliche Entkohlung beseitigt werden mußte. Ueber die Anlaßdauer ist Folgendes zu sagen. Es ist zuerst von Barus und Strouhal darauf hingewiesen und später mehrfach bestätigt worden, daß die Anlaßdauer, um einen gewissen Gleichgewichtzustand zu erreichen, bei niederen Anlaßtemperaturen länger sein muß als bei höheren. Barus und Strouhal geben für die Anlaßtemperatur 100° eine Anlaßdauer von 3 Stunden als notwendig an, bei 185° sollen bereits 10 Minuten genügen. Verfasser wählte folgende Zeiten:

für Anlaßtemperaturen unter 100° . . . . etwa 6 st
»   »   von ungefähr 100° . » $4^{1}/_{2}$ »
»   »   »   »   150° . » $2^{1}/_{2}$ »
»   »   »   »   180° . »   1 »
»   »   » 200 bis 400° . . » $^{1}/_{2}$ »
»   »   über 400° . . . . »   20 min.

Zur Untersuchung der Volumverhältnisse der nur abgeschreckten Proben wurden insbesondere die Stähle $K2$, $K3$, $K4$, $K5$, teilweise auch die anderen Proben herangezogen. Da die Stahlproben im Anlieferungszustande sich in einem gewissen Grade thermischer und mechanischer Bearbeitung befanden, der nicht feststellbar war, so wurde nicht von diesem Zustand ausgegangen, es wurde vielmehr für den Vergleich das ausgeglühte Material zugrunde gelegt.

Das spezifische Gewicht s der Proben $K2$ bis 5 nach einem kurzen Erhitzen auf 1000° und langsamem Abkühlen war:

	s
$K2$	7,863,
$K3$	7,854,
$K4$	7,857,
$K5$	7,847.

Nach dem Abschrecken von 1070° in Wasser von 18° waren die spezifischen Gewichte derselben Proben:

	s	Abnahme
$K2$	7,848	— 0,015,
$K3$	7,807	— 0,047,
$K4$	7,780	— 0,077,
$K5$	7,760	— 0,087.

Die Werte sind in Abb. 1 graphisch dargestellt.

Die aus diesen Zahlen hervorgehenden Tatsachen bestätigen bereits Bekanntes.

1) Das spezifische Gewicht des Stahles fällt mit wachsendem Kohlenstoffgehalt. Daß der Abfall im ausgeglühten Zustand nicht regelmäßig ist, sondern daß bei ungefähr 0,5 vH Kohlenstoff eine Unregelmäßigkeit vorliegt, ist eine bereits von Benedicks gewürdigte Erscheinung, die für die vorliegende Arbeit eine Bedeutung nicht hat. Im abgeschreckten Zustand scheint diese Unregelmäßigkeit nicht vorzuliegen.

2) Durch Abschrecken nimmt das spezifische Gewicht des Stahles ab und zwar um so mehr, je höher der Kohlenstoffgehalt ist. Die Volumenänderung beim Abschrecken ist demnach vom Kohlenstoffgehalt in ihrer Größe abhängig, sie steht also im Zusammenhang mit den inneren Umwandlungen beim Abschrecken (Lösen des Fe_3C).

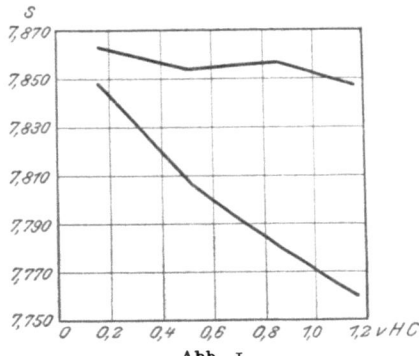

Abb. 1.

Zu ändern war das Abschrecken nunmehr nach zwei Richtungen hin. Es war zu untersuchen einmal die Wirkung verschiedener Abschrecktemperaturen, anderseits die Wirkung verschiedener Abschreckmittel. Zur Entscheidung der Frage des Einflusses der Abschrecktemperatur wurden von den Stählen K 2 bis 5 eine größere Anzahl Probestücke hergestellt und unter sonst gleichen Bedingungen von verschiedenen Temperaturen in Wasser abgeschreckt; das Abschrecken geschah in diesem Fall aus dem Heraeusofen; durch Kohlevorlage und sorgfältigen Verschluß wurde eine Oxydation möglichst verhütet.

Das Ergebnis der Versuche ist in der Zahlentafel 2 wiedergegeben und in Abb. 2 dargestellt. Durch punktierte senkrechte Linien sind die Abstände des spezifischen Gewichts bei der niedrigsten Abschrecktemperatur 765° von dem des ausgeglühten Zustandes angegeben.

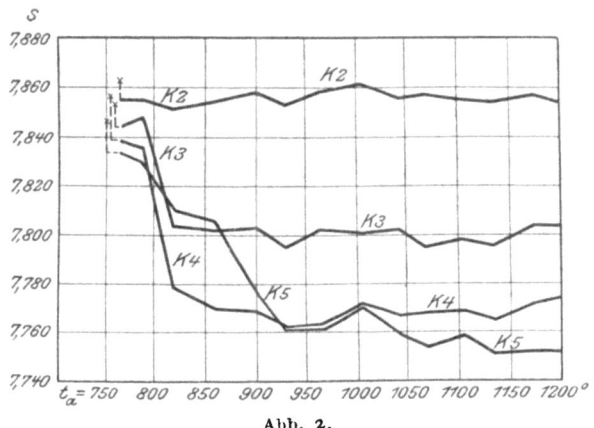

Abb. 2.

Aus der Zahlentafel und der Abbildung geht hervor: größeren Einfluß auf die Dichteänderungen des Stahls beim Abschrecken haben Verschiedenheiten in der Abschrecktemperatur bei deutlich härtbaren Stählen — Stahl K 2 kommt daher kaum in Betracht — nur, falls sie verhältnismäßig niedrig ist. Es besteht hier eine ziemlich scharfe Grenze, die bei untereutektoiden Stählen ungefähr bei 800° liegt und beim übereutektoiden Stahl auf höhere Temperatur, ungefähr 900°, steigt. Oberhalb dieser Grenztemperatur zeigen sich in den Dichten des abgeschreckten Stahles nur geringe Unterschiede bei verschiedenen Abschrecktemperaturen, unterhalb dieser Grenztemperatur dagegen steigt die Dichte schnell mit fallender Abschrecktemperatur, so daß bei Abschrecktemperaturen unterhalb 800° die Volumenvermehrung durch die Abschreckung gegenüber dem ausgeglühten Zustand bei allen Kohlenstoffgehalten nur sehr gering ist. Bemerkenswert ist hierbei, daß der Temperaturbereich, innerhalb dessen aus der geringen Volumenveränderung die große wird, bei den übereutektoiden Stoffen beträchtlich ausgedehnter ist als bei den untereutektoiden — der Uebergang ist bei den letzteren viel schroffer. Die Temperaturen unterhalb 800° liegen zwar immer noch verhältnismäßig weit von der Perlit-Linie entfernt, so daß eigentlich eine gute Härtung vorliegen müßte; indessen kann wohl angenommen werden, daß durch das langsamere Durchschreiten der Perlit-Linie in diesen Fällen wenigstens im Innern auch dieser kleinen Stücke ein Anlaßzustand entsteht, der einer Anlaßtemperatur von 100 bis 150° entspricht, also im mikroskopischen Bilde sich kaum bemerkbar macht; hieraus ließe sich eine Erklärung der Erscheinung bilden, die jedoch weiter unten folgende Versuche zur Voraussetzung hat.

Die übrigen kleinen Unregelmäßigkeiten, die in den Kurven auftreten, sind schwer mit Sicherheit zu erklären. Besondere Bedeutung legt Verfasser ihnen nicht bei, da sie von geringer Größe sind und mit Rücksicht auf die Erfahrung, die in der auf dieser Seite gegebenen Anmerkung mitgeteilt ist.

Zahlentafel 2.

Spezifische Gewichte der von verschiedenen Temperaturen abgeschreckten Kohlenstoffstähle.

abgeschreckt bei °C	K 2	K 3	K 4	K 5
1200	7,854	7,804	7,774	7,752
1175	7,857	7,804	7,772	7,752
1135	7,854	7,796	7,765	7,751
1105	7,855	7,798	7,769	7,759
1070 [1]	7,857	7,795	7,768	7,754
1045	7,856	7,802	7,767	7,759
1005	7,861	7,801	7,772	7,771
965	7,858	7,802	7,763	7,761
930	7,853	7,795	7,762	7,761
900	7,858	7,803	7,769	7,777
860	7,854	7,802	7,770	7,806
820	7,851	7,804	7,779	7,810
790	7,855	7,848	7,836	7,830
765	7,855	7,844	7,839	7,834
ausgeglüht	7,863	7,854	7,857	7,847

[1]) Es dürfte auffallen, daß die Werte für *s* bei den hier bei 1070° abgeschreckten Proben relativ starke Unterschiede zeigen gegenüber den in der ersten Zusammenstellung gegebenen Werten. Dazu ist zu bemerken, daß überhaupt festgestellt wurde, daß zwei Proben des gleichen Stahles von derselben Temperatur im selben Abschreckmittel abgeschreckt, häufig Unterschiede im spezifischen Gewicht zeigten, die auf Unterschiede in den Verhältnissen beim Abschrecken zurückgeführt werden müssen. Es sind daher die miteinander zu vergleichenden Proben stets in einer Gruppe, an einem Tage und unter peinlicher Innehaltung der gleichen Verhältnisse abgeschreckt worden.

Allgemein läßt sich sagen, daß praktisch die Höhe der Abschrecktemperatur auf die Volumänderung nur geringen Einfluß hat, falls die Temperatur genügend hoch über der Perlit-Linie liegt. Eine Abschrecktemperatur von 950° ist in allen Fällen hoch genug; für geringere Kohlenstoffgehalte kann noch tiefer gegangen werden.

Zur Untersuchung des Abschreckmittels auf die Dichte des abgeschreckten Stahles wurden Proben der Kohlenstoffstähle $K\,2$ bis 5 und B unter gleichen Bedingungen teils in Wasser, teils in Oel abgeschreckt, der Oelbehälter war außen wassergekühlt. Die Abschrecktemperatur war 900° (Salzbad). Es wurden von jeder Probe und in jedem Medium je zwei Stücke abgeschreckt. Im Folgenden sind die Mittel der für zusammengehörige Stücke erhaltenen Werte angegeben. Zum Vergleich sind die Werte für die gleichzeitige Wasserabschreckung mit aufgeführt, in der driten Rubrik sind die Unterschiede gebildet.

Probe	s abgeschreckt in Wasser	s abgeschreckt in Oel	Unterschied
$K\,2$	7,857	7,856	— 0,001
$K\,3$	7,802	7,809	+ 0,007
$K\,4$	7,768	7,832	+ 0,064
$K\,5$	7,762	7,814	+ 0,052
B	7,766	7,776	+ 0,010

Sieht man ab von dem Stahl $K\,2$ mit seinem sehr geringen Kohlenstoffgehalt, bei dem die Abweichung innerhalb der Fehlergrenze liegt, so läßt sich feststellen, daß die Abschreckung in Oel allgemein eine geringere Volumvermehrung zur Folge hat als die in Wasser. Am schärfsten ausgeprägt ist der Unterschied in dem eutektoiden Stahl $K\,4$, in den beiden übereutektoiden Proben ist er wieder geringer; besonders auffallend ist dies in Probe B, bei der die Abschreckung in Oel fast dieselbe Volumenvermehrung erzeugt hat wie in Wasser. Es sei noch bemerkt, daß hinsichtlich der Abschreckung in Oel außerdem zwischen einzelnen gleichen Proben größere Unterschiede auftraten, als dies bei Abschreckung in Wasser der Fall war. Es muß daher festgestellt werden, daß die Abschreckung in Oel bei einer Abschrecktemperatur, die bei Wasserabschreckung deutliche Volumenveränderungen erzeugt, keineswegs einen großen Vorteil bietet in bezug auf die eintretenden Volumenveränderungen; dieser Satz wurde auch durchaus bestätigt bei der gleichlaufenden, weiter unten wiedergegebenen Untersuchung der Spezialstähle. Nur im eutektoiden Stahl scheint der Unterschied der Volumenveränderung beim Abschrecken in Oel und Wasser bedeutend zu sein.

Von Wichtigkeit erschien ferner noch eine Prüfung der Frage der Einwirkung eines wiederholten Abschreckens mit dazwischenliegendem jeweiligen Ausglühen der Probe. Leider waren diese Versuche nur in beschränktem Maße durchführbar, da bei dem wiederholten Abschrecken die Proben stets sehr bald Härterisse zeigten. Die Versuche wurden ausgeführt mit den Stählen $K\,2$ bis 5 und M. Das Ergebnis einer Versuchsreihe ist in der Zahlentafel 3 zusammengestellt, Kontrollproben zeigten Abweichungen im spezifischen Gewicht um $\pm\,0{,}003$ bei den einzelnen Werten, also wenig mehr, als die Fehlergrenze betrug. Trotz wiederholter Versuche war es aus dem mitgeteilten Grunde nicht möglich, die Behandlung weiter, als in der Zahlentafel mitgeteilt ist, durchzuführen. Immerhin ist das Ergebnis beachtenswert. Es zeigt sich, daß beim Anlassen nach dem Härten die Dichte des ausgeglühten Stahles nicht wieder erreicht wird, der Unterschied ist sogar ziemlich beträchtlich und zwar um so größer, je höher der Kohlenstoffgehalt ist. Ferner wird aber auch beim wiederholten Abschrecken nicht die Auflockerung vom ersten Abschrecken wieder erreicht, wenngleich die Unterschiede hier geringer sind. Soweit sich erkennen läßt (deutlich bei K_2) scheinen die Unterschiede bei fortgesetztem Abschrecken und Anlassen immer geringer zu werden, das Gefüge scheint für den abgeschreckten wie für den angelassenen Zustand einem festen Werte zuzustreben.

Zahlentafel 3.
Einfluß wiederholten Abschreckens und Ausglühens auf das spezifische Gewicht der Kohlenstoffstähle.

Behandlung	$K\,2$		$K\,3$		$K\,4$		$K\,5$		M	
	$s=$	Unterschied	$s=$	Unterschied	$s=$	Unterschied	$s=$	Unterschied	$s=$	Unterschied
ausgeglüht . . .	7,863	—	7,854	—	7,857	—	7,847	—	—	—
abgeschreckt 950°	7,848	−0,015	7,793	−0,061	7,780	−0,077	7,750	−0,097	7,815	—
ausgeglüht 900°	7,858	+0,010	7,842	+0,049	7,842	+0,062	7,825	+0,075	7,857	+0,042
abgeschreckt 1000°	7,850	−0,008	7,791	−0,051	Härterisse		7,755	−0,070	7,819	−0,038
ausgeglüht 1000°	7,855	+0,005	7,838	+0,047			7,795	+0,040	7,855	+0,036
abgeschreckt 1000°	7,852	−0,003	Härterisse				Härterisse		Härterisse	

Für den Fortgang der Arbeit waren diese bisherigen Versuche insofern von Bedeutung, als daraus hervorgeht, daß, um eine wirklich gute Abschreckung zu erzielen, also wirklich Martensit als Ausgangsgefügebestandteil zu erhalten, die Abschreckung aus hinreichend hoher Temperatur (900°) und in Wasser geschehen muß. Da außerdem, wie erwähnt, zwei gleiche und gleichmäßig abgeschreckte Stücke doch häufig starke Unterschiede im spezifischen Gewicht aufweisen, so ergab sich die Notwendigkeit, die Anlaßzustände fortlaufend an einem und demselben Stück zu studieren durch stufenweise Steigerung der Anlaßtemperatur mit dazwischen vorgenommenen Bestimmungen, da bei Verwendung verschiedener Stücke die durch das Abschrecken bereits erzielten Unterschiede sich vielleicht auch später in den Anlaßzuständen bemerkbar gemacht und zu Trugschlüssen geführt hätten.

Vor der Feststellung der Volumenverhältnisse der einzelnen Anlaßstufen wurden jedoch noch einige Vorversuche gemacht, um die später erzielten Ergebnisse richtig ausbeuten zu können. Maurer zeigte, daß, abgesehen von sehr niedrig gekohltem Stahl, die Kurven der Volumenveränderung beim Anlassen bestimmte Unregelmäßigkeiten aufweisen, was aus anderen Untersuchungen sich ebenfalls sicher ergibt. Es erhebt sich nun die Frage nach dem Verhalten eines Stoffes ohne Umwandlungspunkt bei thermischer Behandlung, sowie nach dem Verhalten ganz reinen Eisens.

Als Probestoff ohne Umwandlungspunkt diente Kupfer, das als sehr reines Elektrolytkupfer, und zwar in Form kleiner Zylinder von ungefähr 10 mm Dmr. und 14 mm Höhe zur Verfügung stand; das Gewicht eines Stückes war ungefähr 10 g. Die Zylinder wurden bei einer Temperatur von 950° abgeschreckt und allmählich angelassen — nach jedem Anlassen wurde das spezifische Gewicht bestimmt. Die festgestellten spezifischen Gewichte waren:

Abgeschreckt:	8,909,	angelassen auf	375°	8,914,
angelassen auf 100°	8,911,	» »	410°	8,916,
» » 128°	8,914,	» »	440°	8,913,
» » 142°	8,919,	» »	460°	8,912,
» » 185°	8,921,	» »	520°	8,909,
» » 225°	8,915,	» »	580°	8,908,
» » 255°	8,915,	» »	645°	8,900,
« » 320°	8,913,	» »	700°	8,902.

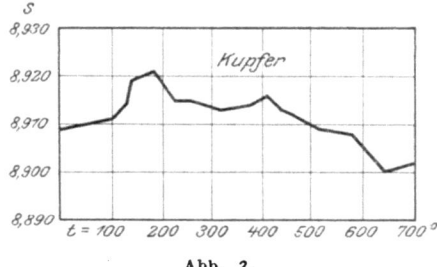

Abb. 3.

Das Ergebnis ist in Abb. 3 dargestellt.

Die Dichte des Kupfers wird demnach durch thermische Behandlung nur wenig verändert. Das spezifische Gewicht im abgeschreckten und ausgeglühten Zustand (700°) zeigt wenig Unterschiede, auffällig ist aber die Zusammenziehung beim Anlassen, die bei ungefähr 185° ihren Höchstwert erreicht. Da beim Kupfer innere Umwandlungen bislang nicht festgestellt worden sind, so muß angenommen werden, daß bei schroffer Abkühlung rein mechanische Spannungen auftreten, die beim Anlassen auf geringe Temperaturen sich ausgleichen und so diese Unregelmäßigkeit in der Anlaßkurve hervorbringen.

Von Bedeutung war ferner das Verhalten reinen Eisens. Für diese Untersuchung stand Elektrolyteisen der Langbein-Pfannhauser Werke zur Verfügung, nach dem Verfahren von Fischer hergestellt, welches abgesehen von Gasgehalt (Wasserstoff) sich als absolut rein bezeichnen läßt. Es wurden zunächst Versuche angestellt mit Elektrolyteisen im Anlieferungszustand, indem aus den Kathodenplatten Stückchen herausgeschnitten und vor und nach verschiedener thermischer Behandlung auf ihre Dichte untersucht wurden. Es wurde festgestellt, daß das spezifische Gewicht dieses Eisens betrug:

im Anlieferungszustand, unbehandelt: $s = 7,892$,
ausgeglüht bei 1100° . . . . . $s = 7,899$,
abgeschreckt bei 1100°. . . . . $s = 7,889$.

Die Unterschiede waren demnach sehr gering. Durch das Abschrecken wird eine geringe Auflockerung, durch das Ausglühen eine etwas größere Verdichtung erzielt. Weitere Versuche blieben ohne Ergebnisse. Bei verschiedener thermischer Behandlung entstehende Unterschiede waren von äußerst geringer Größenordnung und ohne eine erkennbare Regel. Da dies elektrolytisch gewonnene Eisen seiner Vorbehandlung nach sich stark von technisch gewonnenem unterscheidet, so wurde nunmehr eine Menge Elektrolyteisen in einem Tonderetiegel umgeschmolzen, geschmiedet und in Stückchen geschnitten. Auch dies Eisen war absolut rein. Die daraus hergestellten Proben waren nur klein (ungefähr 3 g schwer), außerdem waren viele Stellen des gegossenen Blöckchens wegen kleiner Blasen für die Versuche unbrauchbar. Da die Stückchen auch noch zu anderen Untersuchungszwecken dienen sollten, so wurden für jede Anlaßstufe 2 Proben genommen, von denen eine bei 1150°, die andere bei 850° abgeschreckt wurde. Da bei diesen kleinen Stücken sich die Fehlergrenze des Verfahrens erweiterte, so kann bei den Werten nur mit einer Genauigkeit von ± 0,004 gerechnet werden. Es ergaben sich die in Zahlentafel 4 wiedergegebenen Werte — die graphische Darstellung der Ergebnisse gibt Abb. 4.

Zahlentafel 4.
Spezifische Gewichtsverhältnisse von reinem Elektrolyteisen.

angelassen auf	abgeschreckt bei		angelassen auf	abgeschreckt bei	
	850°	1150°		850°	1150°
—	7,884	7,889	375°	7,884	7,882
100°	7,881	7,886	400°	7,883	—
150°	7,890	7,905	450°	—	7,881
200°	7,870	7,880	475°	7,884	—
250°	7,871	7,884	500°	7,888	7,886
300°	7,878	7,878	600°	7,890	—
325°	7,883	—			
360°	—	7,883	unbehandelt	7,886	

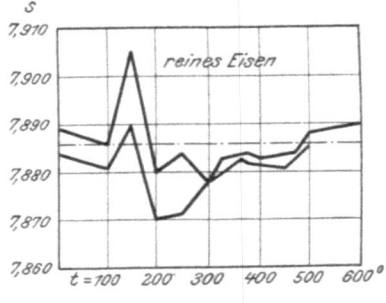

Abb. 4.

Es zeigt sich also das bemerkenswerte Ergebnis, daß sich zwar das ursprüngliche, das verschieden abgeschreckte und das auf höhere Temperatur angelassene Eisen in der Dichte nur wenig unterscheiden, daß jedoch die Dichte beim Anlassen im Temperaturbereich 100° bis 250° eine deutliche Unregelmäßigkeit aufweist, die besonders bei der höheren Abschrecktemperatur ausgeprägt ist. Das spezifische Gewicht nimmt beim Anlassen auf 150° stark zu und fällt dann wieder bis etwa 200° —, bei tieferer Abschrecktemperatur sogar bis unter das Durchschnittsgewicht, bei etwa 300° ist der Durchschnittswert wieder erreicht. Kugeldruckproben, die an denselben Stücken ausgeführt wurden, ergaben einen Abfall der Härte vom abgeschreckten Zustand zu dem Anlaßzustand von 100°; von 250° ab stieg dann die Härte wieder und erreichte bei ungefähr 350° annähernd die Höhe derjenigen des abgeschreckten Eisens. Auch hieraus kann auf eine gewisse Unregelmäßigkeit des Anlaßvorganges im Temperaturbereich 100 bis 200° geschlossen werden.

Es fällt sogleich die Uebereinstimmung mit den bei Kupfer festgestellten Verhältnissen auf. Es ist daher die Annahme, daß Unregelmäßigkeiten, die im

Temperaturbereich 100 bis 200° auftreten, in dem Stoff selbst begründet und rein physikalischer Natur sind, noch wahrscheinlicher geworden. Dies steht allerdings im Widerspruch zu Maurers Ergebnissen, der bei Stählen mit geringen Kohlenstoffgehalten eine derartige Unregelmäßigkeit nicht fand, die jedoch nach seinen Versuchen bei höheren Kohlenstoffgehalten deutlich vorhanden war.

Ferner war noch ein Punkt durch Vorversuche zu klären: die Frage, ob durch verschieden schnelles Abkühlen des angelassenen Stahles von der Anlaßtemperatur Unterschiede im Volumen hervorgebracht werden können.

Es wurden 3 Proben K 3 (K 3 a, b, c),
    2 » K 4 (K 4 a, b),
    3 » K 5 (K 5 a, b, c)
von 875° abgeschreckt, und die spezifischen Gewichte bestimmt. Sämtliche Stücke wurden sodann im Heraeus-Ofen auf 560° angelassen, und die mit a bezeichneten darauf in Wasser abgelöscht, die mit b bezeichneten im Ofen (also sehr langsam) und die mit c bezeichneten an der Luft (also mit mittlerer Geschwindigkeit) der Abkühlung überlassen. Darauf wurden wieder die spezifischen Gewichte bestimmt. Es ergaben sich die in Zahlentafel 5 zusammengestellten Werte.

Zahlentafel 5.
Einfluß der Abkühlungsgeschwindigkeit nach dem Anlassen.

Probe	spezifisches Gewicht		Probe	spezifisches Gewicht	
	abgeschreckt	angelassen		abgeschreckt	angelassen
K 3 a	7,803	7,844	K 4 b	7,766	7,841
K 3 b	7,803	7,845	K 5 a	7,759	7,831
K 3 c	7,801	7,844	K 5 b	7,759	7,829
K 4 a	7,768	7,839	K 5 c	7,761	7,832

Die Unterschiede des spezifischen Gewichts im Anlaßzustand liegen demnach trotz der sehr schroffen Unterschiede in der Abkühlung doch innerhalb der Fehlergrenze. Ein Einfluß der Abkühlungsgeschwindigkeit nach dem Anlassen auf das Volumen besteht demnach praktisch nicht.

Zur Untersuchung der Volumenänderung beim Anlassen gehärteter Stähle wurden mehrere Proben der Stähle K 2 bis 5 und M von den gewöhnlichen Abmessungen abgeschreckt und stufenweise angelassen, stets mit Feststellung des spezifischen Gewichts in den einzelnen Anlaßstufen. Die Abschrecktemperaturen wurden etwas oberhalb des oberen Haltepunktes gewählt. Sie waren für

K 2: 990°, K 3: 950°, K 4: 900°, K 5: 1000°, M: 900°.

Von den Proben mußte eine ganze Reihe verworfen werden, da sie Härterisse zeigten (die stärkste Neigung zu Härterissen zeigte K 4). Die beim Anlassen der gesund gebliebenen Stücke — von K 2, K 4 und K 5 je zwei, von K 3 und M je eins — erhaltenen Werte sind in der Zahlentafel 6 angegeben, die graphische Darstellung gibt Abb. 5 bis 9 (von den doppelt vorhandenen Proben ist in den Kurvenbildern immer nur je eine wiedergegeben worden, da die Werte bei den Parallelproben nur sehr geringe Unterschiede zeigten, wie sich aus der Zahlentafel ergibt).

Zahlentafel 6.
Spezifische Gewichte der angelassenen Kohlenstoffstähle.

	$K\,2_I$	$K\,2_{II}$	$K\,3$	M	$K\,4_I$	$K\,4_{II}$	$K\,5_I$	$K\,5_{II}$
abgeschreckt	7,848	7,848	7,793	7,815	7,770	7,772	7,750	7,751
angelassen auf 70°	7,846	7,847	7,795	7,818	7,785	7,786	7,762	7,762
90°	7,852	7,852	7,805	7,828	—	—	7,785	7,786
105°	7,850	7,851	7,804	7,830	7,787	7,789	7,787	7,788
120°	7,852	7,854	7,807	7,830	—	—	7,790	7,790
142°	—	—	—	—	7,792	7,795	—	—
166°	7,846	7,847	7,805	7,829	—	—	7,786	7,787
190°	7,849	7,849	7,808	7,832	7,799	7,797	7,766	7,775
225°	7,857	7,857	7,815	7,840	7,791	7,790	7,767	7,767
255°	—	—	—	—	7,801	7,799	—	—
290°	7,852	7,855	7,822	7,849	—	—	7,792	7,794
320°	—	—	—	—	7,823	7,826	—	—
345°	7,857	7,860	—	7,857	—	—	7,806	7,810
375°	—	—	—	—	7,830	7,831	—	—
410°	7,861	7,862	7,842	7,859	7,831	7,832	7,823	7,823
430°	7,868	7,867	7,848	7,863	—	—	7,828	7,829
440°	—	—	—	—	7,831	7,832	—	—
460°	7,867	7,864	7,847	7,864	7,828	7,829	7,829	7,830
500°	7,865	7,861	7,845	7,861	—	—	7,827	7,827
520°	—	—	—	—	7,833	7,835	—	—
530°	7,873	7,865	7,853	7,867	—	—	7,833	7,833
560°	7,865	7,860	7,846	7,859	—	—	7,826	7,827
580°	—	—	—	—	7,836	7,836	—	—
645°	—	—	—	—	7,838	7,836	—	—
675°	7,863	7,859	7,844	7,861	—	—	7,826	7,826
700°	—	—	—	—	7,838	7,837	—	—
750°	7,862	7,858	7,843	7,859	—	—	7,825	7,824
780°	—	—	—	—	7,837	7,837	—	—
880°	7,858	7,858	7,842	7,857	7,835	7,835	7,825	7,825

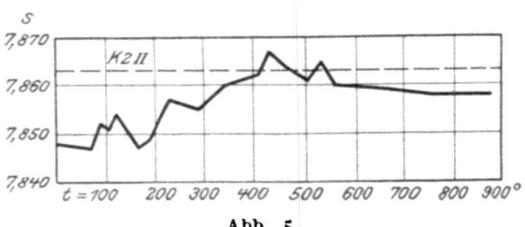

Abb. 5.

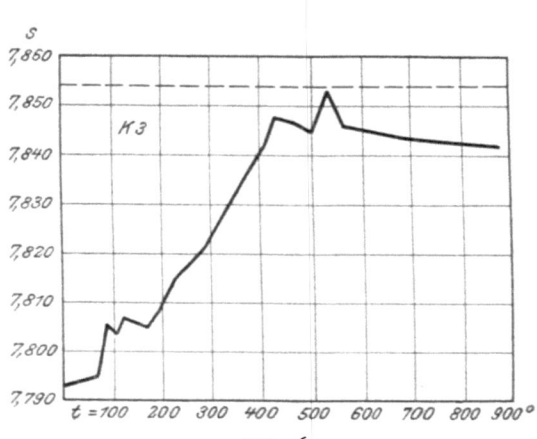

Abb. 6.

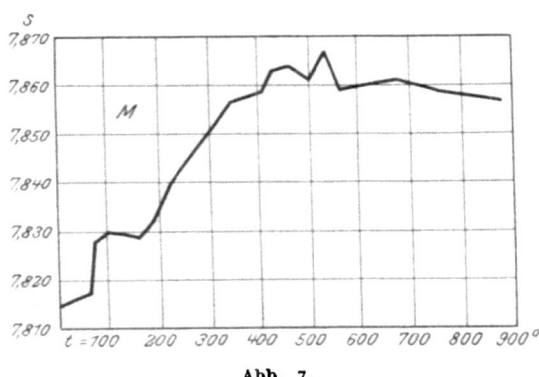

Abb. 7.

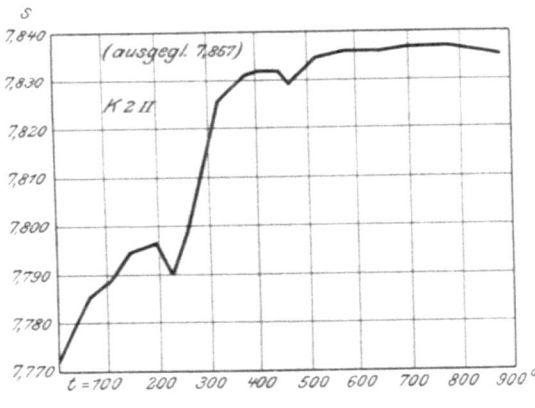

Abb. 8.

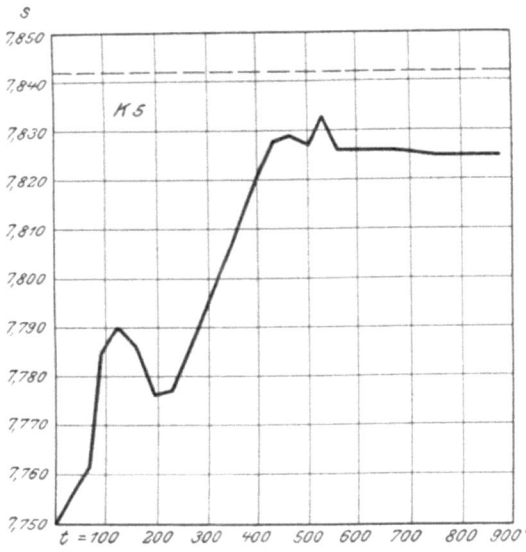

Abb. 9.

Das Ergebnis dieser Anlaßversuche ist folgendes:

1) Das Volumen des abgeschreckten Eisens nimmt durch Anlassen ab.

2) Diese Volumenänderung ist um so stärker, je höher der Kohlenstoffgehalt ist (entsprechend der Volumzunahme beim Abschrecken).

3) Die Volumenverminderung geht nicht regelmäßig vor sich, vielmehr lassen sich bei allen Proben folgende Phasen unterscheiden: a) Es findet eine Volumenabnahme statt bis ungefähr 150°, von da ab tritt b) für weitersteigende Anlaßtemperaturen eine Volumvermehrung ein. Das kleinste Volumen, entsprechend dem höchsten spezifischen Gewicht, liegt bei ungefähr 150°, es scheint für eutektoiden Stahl etwas über, für unter- und übereutektoiden etwas unter dieser Temperatur zu liegen. Die Volumausdehnung erreicht ihren Höchstwert bei untereutektoidem Stahl unterhalb 200°, bei übereutektoidem und eutektoidem oberhalb 200°. Diese Unregelmäßigkeit ist um so stärker ausgeprägt, je höher der Kohlenstoffgehalt ist. c) Beim Anlassen über 200° hinaus nimmt das Volumen ziemlich regelmäßig ab und erreicht bei ungefähr 430° seinen kleinsten Wert (entsprechend einem höchsten spezifischen Gewicht). d) Von 430° ab verändert sich das Volumen nur noch sehr wenig und nimmt scheinbar zu, jedoch treten hier noch geringe Unterschiede im Verhalten auf, insofern als sich bei den Versuchen teilweise nochmals ein kleiner Knick im Sinne eines geringfügigen Zwischenhöchstwertes zeigte, teilweise eine weitere Volumenvermehrung bei steigender Anlaßtemperatur auftrat, wobei aber der Höchstwert bei 430° als solcher deutlich ausgeprägt blieb.

4) Die Volumenunterschiede durch verschiedenen Kohlenstoffgehalt sind am deutlichsten im abgeschreckten Zustand, sie werden bei steigender Anlaßtemperatur schnell geringer und haben bei ungefähr 430° bereits einen so kleinen Wert, daß ein weiteres Anlassen sie nicht mehr ändert, wenn sie auch den geringen Wert des ausgeglühten Zustandes nicht ganz erreichen. Dies findet seine Erklärung darin, daß, wie aus der Zahlentafel hervorgeht, beim Anlassen die Dichte des ausgeglühten Materials nicht wieder ganz erreicht wird. In Abb. 10 sind die 4 Stähle K 2 bis 5 in den verschiedenen Anlaßstufen zusammengestellt, auf der Abszisse sind die Kohlenstoffgehalte und auf der Ordinate die spezifischen Gewichte aufgetragen; es sind die Anlaßgrade 0, 130°, 200°, 300°, 435° und 600° im spezifischen Gewicht dargestellt und die Punkte gleicher Anlaßtemperatur durch Linien verbunden.

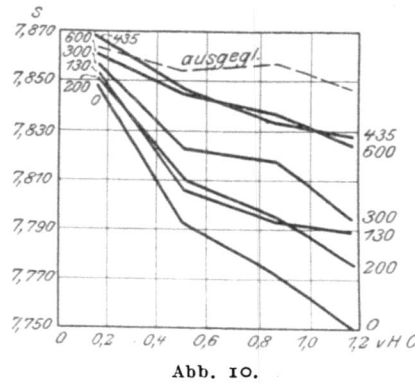

Abb. 10.

Im Gegensatz zu Maurers Feststellungen verhalten sich also nach diesen Versuchen die Stähle mit verschiedenen Kohlenstoffgehalten grundsätzlich alle gleich. Es wurde, um sicher zu gehen, die Anlaßkurve in ihrem wichtigsten Teil (bis 500°) bei den verschiedenen Stählen mehrfach nachgeprüft, es fand sich stets derselbe Verlauf. Allerdings wurden die Unregelmäßigkeiten beim Stahl K_2, falls die Abschrecktemperatur tiefer lag, sofort bedeutend geringer und teilweise unmerkbar. Hingewiesen muß noch werden auf die sehr schwache Ausprägung der Unregelmäßigkeit bei 150° in den Stählen mittleren Kohlenstoffgehalts (K_3 und M), bei denen die Anlaßkurve hier einen ausgeprägten Höchst- und Tiefstpunkt nicht zeigt, die beiden fließen vielmehr zusammen, so daß das spezifische Gewicht für einen Bereich von ungefähr 120 bis 190° ziemlich gleich bleibt.

Des weiteren wurden nun einige Versuche ausgeführt zur Feststellung des Einflusses von Sonderbestandteilen auf die Volumänderungen bei der thermischen Behandlung. Die Versuche konnten wegen des Umfanges der Arbeit nur in beschränktem Maße durchgeführt werden. Die zur Verfügung stehenden Stähle sind oben aufgeführt.

Das spezifische Gewicht der Proben ist in Spalte 2 der Zahlentafel 7 angegeben, und zwar nach einem Ausglühen bei ungefähr 900°.

Zahlentafel 7.

Spezifisches Gewicht der Spezialstähle im ausgeglühten und abgeschreckten Zustande.

Probe	ausgeglüht bei 900°	abgeschreckt bei 960° in H_2O		abgeschreckt bei 860° in H_2O		abgeschreckt bei 860° in Oel	
		spezifisches Gewicht	Unterschied	spezifisches Gewicht	Unterschied	spezifisches Gewicht	Unterschied
$N\,8$	7,865	7,862	−0,003	7,866	+0,001	7,860	−0,005
$N\,9$	7,852	7,830	−0,022	7,829	−0,023	7,836	−0,016
$N\,0$	7,868	7,841	−0,027	7,845	−0,023	—	—
$C\,2$	7,838	—	—	7,780	−0,058	7,783	−0,055
$C\,3$	7,831	7,792	−0,039	7,802	−0,029	7,804	−0,027
$M\,4$	7,835	—	—	7,803	−0,032	7,812	−0,023
$M\,5$	7,822	—	—	7,774	−0,048	7,781	−0,041
$M\,8$	7,794	—	—	7,746	−0,048	7,751	−0,043
$CN\,1$	7,879	—	—	7,869	−0,010	7,873	−0,006
$CN\,2$	7,881	—	—	7,854	−0,027	7,856	−0,025
$CN\,3$	7,869	—	—	7,833	−0,036	7,839	−0,030

Vergleicht man diese Werte mit denen, die sich aus der Kurve für das spezifische Gewicht reinen Kohlenstoffstahls (ausgeglüht) in bezug auf den Kohlenstoffgehalt durch Interpolation ergeben, so zeigt sich:

1) Die Nickelstähle lassen keinen Unterschied feststellen von den Werten der reinen Kohlenstoffstähle entsprechenden Kohlenstoffgehalts.

2) Chrom erniedrigt das spezifische Gewicht, Chromstähle haben ausgeglüht ein höheres Volumen als reine Kohlenstoffstähle gleichen Kohlenstoffgehalts.

3) Mangan scheint schwach in gleicher Weise wie Chrom zu wirken, die starke Erniedrigung des spezifischen Gewichts bei Probe MS dürfte allerdings dem hohen Siliciumgehalt zuzuschreiben sein (vergl. Benedicks).

4) Die beiden Chrom-Nickelstähle $CN\,1$ und $CN\,2$ zeigen ein höheres spezifisches Gewicht als die Kohlenstoffstähle gleichen Kohlenstoffgehalts.

Es wurden Probestücke in der gebräuchlichen Weise von den Spezialstählen abgeschnitten und aus dem Salzbad von 860° teilweise in Wasser, teilweise in Oel abgeschreckt. Einzelne Proben wurden auch von 960° in Wasser abgeschreckt, jedoch ließen sich diese Versuche nicht vollständig durchführen, da bei dieser höheren Abschrecktemperatur — besonders bei den Chromstählen — eine sehr starke Neigung zu Härterissen auftrat. Die Ergebnisse der spezifischen Gewichtsbestimmungen der abgeschreckten Proben sind in der Zahlentafel 7 zusammengefaßt. Der Unterschied des spezifischen Gewichts im abgeschreckten Zustand gegenüber demjenigen im ausgeglühten Zustand ist jeweils mit angegeben.

Bezüglich des Einflusses der Höhe der Abschrecktemperatur läßt sich, da bei 960° nur wenig Proben abgeschreckt werden konnten, nicht mit Sicherheit bestimmtes aussagen. Bei den beiden Nickelstahlproben $N9$ und No ist der Unterschied gering, entsprechend dem beim reinen Kohlenstoffstahl festgestellten; beim Chromstahl scheint die Abschrecktemperatur eine größere Rolle zu spielen, was sich auch daraus ergab, daß die sämtlichen von 960° abgeschreckten Proben $C2$ Risse zeigten, während beim Abschrecken von 860° gesunde Stücke erhalten wurden.

Bemerkenswert ist wiederum der geringe Unterschied zwischen den spezifischen Gewichten der wassergehärteten und ölgehärteten Proben.

Vergleicht man die durch das Abschrecken eingetretene Aenderung des spezifischen Gewichts ihrer Größe nach mit der im reinen Kohlenstoffstahl entsprechenden Kohlenstoffgehalts, so ergibt sich:

1) Die Volumenänderung beim Abschrecken der Nickelstähle bleibt gegen die der reinen Kohlenstoffstähle zurück.

2) Der Manganstahl $M5$ entspricht ziemlich genau in seinem Verhalten dem reinen Kohlenstoffstahl, die beiden anderen Manganstähle (auch der ausgeglüht viel weniger dichte MS) verhalten sich wie Nickelstähle.

3) Die Chrom-Nickelstähle zeigen eine etwas stärkere Volumenänderung im Vergleich zum reinen Kohlenstoffstahl.

4) Die Chromstähle verhalten sich wie die Nickelstähle.

Wenn auch diese Schlüsse nicht ohne weiteres auf die gesamte Gruppe der betreffenden Spezialstähle ausgedehnt werden können, so kann immerhin im allgemeinen wohl angenommen werden, daß Spezialzusätze in den meisten Fällen auf eine Verringerung der Volumenänderungen beim Abschrecken hinwirken.

Für einige Spezialstähle wurde nunmehr das Anlassen wie bei den Kohlenstoffstählen durchgeführt. Die Ergebnisse dieser Versuche sind in der Zahlentafel 8 und in Abb. 11 bis 19 dargestellt. Die Proben lagen zum Teil doppelt vor, die Uebereinstimmung war in diesen Fällen äußerst gut, die Abweichungen überschritten nur sehr selten um ein Geringes die Fehlergrenze. Von einer Mitteilung der Einzelwerte dieser Parallelproben konnte daher abgesehen werden, es sind in der Zahlentafel nur die Mittel aus den beiden Werten angegeben.

Aus den Kurven geht hervor:

Bei den Nickelstählen ist allgemein die gesamte Dichteänderung durch das Anlassen verhältnismäßig gering, und die bei den Kohlenstoffstählen festgestellten Unregelmäßigkeiten sind schwächer als bei diesen. Die Kurve des Stahles $N8$ zeigt keine erkennbare steigende oder fallende Richtung. Die abgeschreckte wie die einzelnen angelassenen Proben zeigen im spezifischen Gewicht nur geringe Unterschiede vom ausgeglühten Zustand. Etwas oberhalb 400° liegt ein schwach ausgeprägter Höchstwert im spezifischen Gewicht. Der Stahl

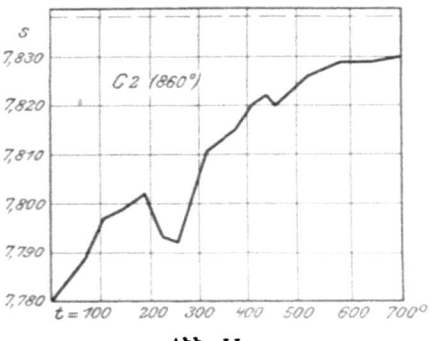
Abb. 11.

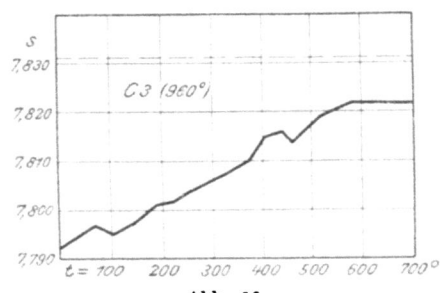
Abb. 12.

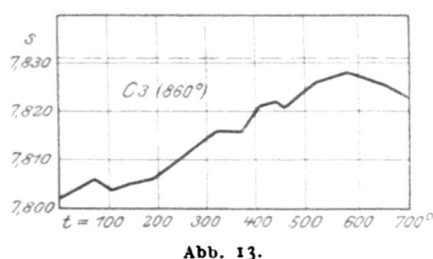
Abb. 13.

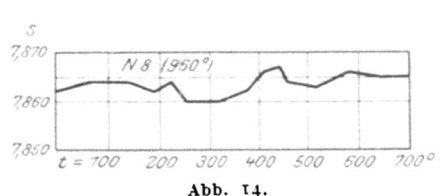
Abb. 14.

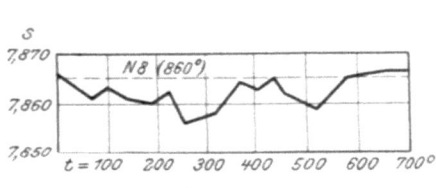
Abb. 15.

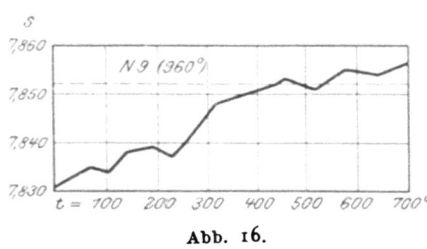
Abb. 16.

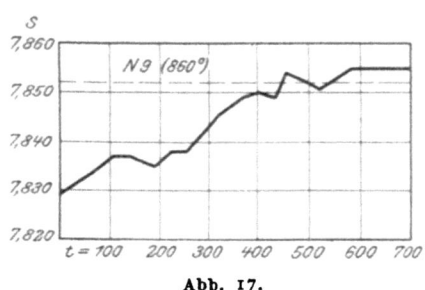
Abb. 17.

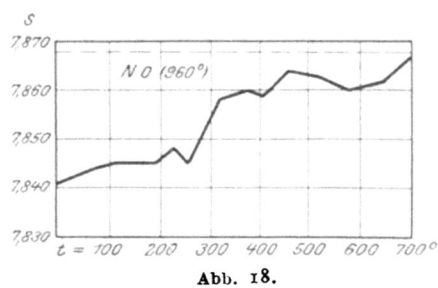
Abb. 18.

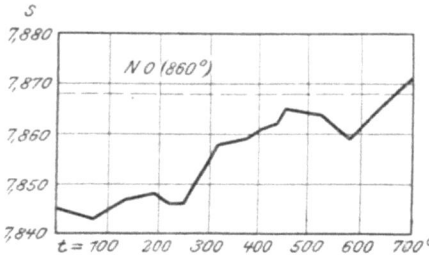
Abb. 19.

Zahlentafel 8.
Spezifische Gewichte der angelassenen Spezialstähle.

Probe	N 8	N 8	N 9	N 9	N O	N O	C 2	C 3	C 3
Abschrecktemperatur	960°	860°	960°	860°	960°	860°	860°	860°	860°
abgeschreckt . . .	7,862	7,866	7,831	7,829	7,841	7,845	7,780	7,792	7,802
angelassen auf 72°	7,864	7,861	7,835	7,834	7,844	7,843	7,789	7,797	7,806
105°	7,864	7,863	7,834	7,837	7,845	7,845	7,797	7,795	7,804
142°	7,864	7,861	7,838	7,837	7,845	7,847	7,799	7,797	7,805
190°	7,862	7,860	7,839	7,835	7,845	7,848	7,802	7,801	7,806
225°	7,864	7,862	7,837	7,838	7,848	7,846	7,793	7,802	7,809
255°	7,860	7,856	7,840	7,838	7,845	7,846	7,792	7,804	7,811
320°	7,860	7,858	7,848	7,845	7,858	7,858	7,811	7,806	7,816
375°	7,862	7,864	7,850	7,849	7,860	7,859	7,815	7,810	7,816
410°	7,866	7,863	7,851	7,850	7,859	7,861	7,820	7,815	7,821
440°	7,867	7,865	7,852	7,849	7,862	7,862	7,822	7,816	7,822
460°	7,864	7,862	7,853	7,854	7,864	7,865	7,820	7,814	7,819
520°	7,863	7,859	7,851	7,851	7,863	7,864	7,826	7,819	7,826
580°	7,866	7,865	7,855	7,855	7,860	7,859	7,829	7,822	7,828
645°	7,865	7,866	7,854	7,855	7,862	7,866	7,829	7,822	7,826
700°	7,865	7,866	7,856	7,855	7,867	7,871	7,830	7,821	7,823

N 9 läßt die Unregelmäßigkeit zwischen 100 und 200° schwach erkennen, auch zeigt er bei 450° eine Unregelmäßigkeit; oberhalb 500° tritt bei einem weiteren Anlassen noch eine geringe Steigerung des spezifischen Gewichts ein, die bemerkenswerterweise über die Dichte des ausgeglühten Zustandes noch hinausführt. Der Stahl NO zeigt bis zur Anlaßtemperatur 350° eine geringe und fast regelmäßige Dichtesteigerung, diese geht dann schneller weiter und erreicht bei 450° einen Höchstwert. Auch hier tritt jedoch dann von etwa 600° ab noch eine abermalige Steigerung des spezifischen Gewichtes mit steigender Anlaßtemperatur ein.

Auch bei den Chromstählen sind im Vergleich zu den reinen Kohlenstoffstählen die gesamten Volumenänderungen beim Anlassen nicht als sehr groß zu bezeichnen. C 2 zeigt einen deutlich ausgeprägten Höchstwert bei 180°, es schließt sich dem von 250° ab eine ziemlich gleichförmige Verdichtung an, bis bei 600° ein fester Wert erreicht wird; bei 450° findet sich nur eine ganz schwache Unregelmäßigkeit. C 3 läßt die Unregelmäßigkeit bei 150° nicht erkennen, das spezifische Gewicht steigt beim Anlassen ziemlich gleichmäßig bis 600°, von wo ab es unverändert bleibt und dann etwas abnimmt; auch hier zeigt sich bei 450° nur ein kleiner Knick wie bei C 2.

Allgemein scheinen demnach Spezialzusätze die Volumenänderungen im günstigen Sinne zu beeinflussen: Die gesamte Volumenänderung beim Abschrecken und Anlassen wie die Unregelmäßigkeiten in der Anlaßkurve werden kaum so stark wie die eines reinen Kohlenstoffstahls gleichen Kohlenstoffgehalts, sie sind daher bedeutend geringer als die eines Kohlenstoffstahls, der in seinen Festigkeitseigenschaften den betreffenden Spezialstählen ungefähr entspricht.

Zu beachten ist bei den Anlaßkurven vor allem noch die Feststellung, daß die Unregelmäßigkeit bei 150° bei den Nickelstählen und bei dem Chromstahl C 3 kaum erkennbar ist. Nur bei C 2 mit dem verhältnismäßig hohen Kohlenstoffgehalt ist sie deutlich, aber auch hier dürfte sie geringer sein, als beim Vergleich mit den reinen Kohlenstoffstählen zu erwarten wäre. Ferner muß hervorgehoben werden, daß bei den Chromstählen die höchste Dichte nicht bei 450° erreicht wird — es liegt hier in der Kurve nur ein Zwischenhöchstwert vor, das eigentliche höchste spezifische Gewicht wird erst bei ungefähr 600° erreicht.

Die Ergebnisse des ersten Teiles der Arbeit lassen sich demnach folgendermaßen zusammenfassen: Die Volumenverhältnisse der einzelnen Gefügebestandteile des Stahls sind festgestellt, und zwar hat ein Stahl — wie hoch auch sein Kohlenstoffgehalt sein mag — das größte Volumen in martensitischen, das geringste bei dem einer Anlaßtemperatur von 440° entsprechenden Anlaßzustand. (Es ist hierbei vom ausgeglühten Zustand abgesehen worden.) Sowohl dieses Verhältnis wie eine gewisse Unregelmäßigkeit bei ungefähr 140° sind in ihrer Größe vom Kohlenstoffgehalt abhängig.

Die Feststellungen des ersten Teiles haben zunächst Bedeutung in theoretischer Hinsicht, wenn sie in Beziehung gesetzt werden zu anderen Vorgängen und Beobachtungen beim Härten von Stahl, es ist dadurch anderseits auch die Erklärung der festgestellten Erscheinungen zum Teil möglich. Heyn und Bauer stellten bei Versuchen mit eutektoidem Stahl fest, daß die 400° entsprechende Anlaßstufe eine besondere Stellung einnimmt in verschiedener Beziehung: Das Gefüge hat hier den martensitischen Charakter gänzlich verloren, ohne jedoch Carbid-Agglomerierungen zu zeigen; die Säurelöslichkeit ist hier am höchsten; die Härte fällt in den Temperaturbereich um 400° stärker, und es liegt bei ungefähr 400° die Grenze der bei höherer Temperatur eintretenden Möglichkeit der Abscheidung des Zementits durch Behandlung mit verdünnter Säure. Heyn und Bauer nahmen daher für den Anlaßzustand von ungefähr 400° eine metastabile Zwischenstufe an, die sie als Osmondit bezeichneten. Maurer fand bei 450° ein ausgeprägt starkes magnetisches Verhalten des angelassenen Stahles und in einzelnen Fällen das geringste Volumen. Vorliegende Arbeit ergab, daß dies geringste Volumen bei ungefähr 440° stets auftritt. Da die Abstände zwischen den einzelnen Proben bei Heyn und Bauer ziemlich groß sind — von 100° zu 100° —, so läßt sich dieser Mindestwert im Volumen wohl als den Heyn und Bauer'schen Versuchen entsprechend auffassen, da es sehr wohl möglich ist, daß die höchste Säurelöslichkeit bei etwas höherer Temperatur, also 440°, liegen kann. Die Annahme der metastabilen Natur des Osmondits erhält daher hier eine neue Stütze, der Osmondit bedingt das geringste Volumen angelassenen Stahles. Beachtenswert ist ferner, daß Heyn und Bauer in der Säurelöslichkeit auch eine Unregelmäßigkeit fanden bei einer Anlaßtemperatur von ungefähr 100° — unter Berücksichtigung wieder der großen Zwischenräume bei ihren Versuchen liegt die Annahme nahe, daß diese der Volumenunregelmäßigkeit bei 140° entspricht.

Zu erklären wäre somit auf diese Weise wohl die Sonderstellung des Anlaßzustandes von 440° (Osmondit) — offen ist dagegen die Frage nach dem inneren Grunde des sonstigen Verlaufs der Anlaßkurve. Die darauf bezüglichen theoretischen Erwägungen von Maurer sind folgende:

a) 0 bis 150°: die Dichte steigt infolge Auslösung mechanischer Spannungen (eine nähere Erklärung darüber wird nicht gegeben);

b) 150 bis 250°: die Dichte fällt infolge der Umwandlung von γ- in β- und α-Eisen;

c) 250 bis 450°: die Dichte steigt infolge der Umwandlung von β-Eisen in »deformiertes α-Eisen«, das allmählich kristallisiert;

d) über 450° hinaus soll die Dichte durch weitere Kristallisation des α-Eisens fallen, durch Agglomerierung des ausgeschiedenen Carbids steigen — sie bleibt daher ungefähr gleich.

Die vorstehend mitgeteilten reinen Tatsachen der Dichte-Aenderung treffen für die vorliegenden Versuche durchaus zu, sogar in noch allgemeinerer Weise als bei Maurers eigenen Versuchen. Zu den gegebenen Erklärungen ist jedoch Folgendes zu bemerken:

Da nach Le Chatelier die Umwandlung von β-Eisen in α-Eisen ohne merkliche Volumenveränderung vor sich geht, so erscheint die Erklärung der Stufe 250 bis 450° zweifelhaft. Ferner muß nach neueren Feststellungen Hanemanns sicher angenommen werden, daß bis zur Temperatur 250° nur eine Umwandlung der eigentlichen Martensitnadeln vor sich geht, die aus einer Lösung von Fe_3C in β-Eisen bestehen, während die Grundmasse des Gefüges im abgeschreckten Stahl: Fe_3C in γ-Eisen erst oberhalb 260° anfängt zu zerfallen. Dies widerspricht also der Erklärung Maurers für die Stufen 150 bis 250° und 250 bis 450°. Anderseits lassen sich die Hanemannschen Feststellungen auch nicht unmittelbar zur Erklärung der Volumenänderungen beim Anlassen anziehen, denn weder das Wachsen der Dichte bis 150°, noch der Abfall von 150 bis 250° läßt sich durch die Zersetzung der Martensitnadeln an sich, also die Umwandlung von β-Eisen in α-Eisen begründen. Da ferner γ-Eisen sich unter Volumvermehrung in α-Eisen umwandelt, so kann auch die Aenderung des Volumens von 250 bis 430°, die den entgegengesetzten Sinn hat, nicht auf Rechnung der Gefügeänderung an sich gesetzt werden. Die unmittelbare Anwendung der Modifikationstheorie ist daher zur Erklärung der Volumenänderungen durchaus unzulässig, da sie größtenteils zu Widersprüchen führt.

Auf Grund der Beobachtungen und Feststellungen vorliegender Arbeit dürften sich die Volumenänderungen beim Anlassen vielmehr grundsätzlich folgendermaßen erklären lassen.

Für den Bereich 0 bis 150° hat Maurer Auslösung mechanischer Spannungen als Grund für die Volumenänderung angegeben, ohne dies jedoch näher zu begründen. Dazu sei Folgendes ausgeführt. Auch bei den zu den obigen Versuchen angewandten kleinen Stücken, die nach dem Abschrecken durchaus gleichmäßiges martensitisches Gefüge hatten, traten häufig Härterisse auf, wie bereits erwähnt; sie zeigten sich auch bei Stücken noch kleinerer Abmessung. Diese Härterisse und die ihnen zugrunde liegenden Spannungen können nicht ihren Grund haben in der Ausbildung verschiedener Gefügebestandteile, sie müssen vielmehr durch den Umwandlungsprozeß der festen Lösung in Martensit oder durch rein thermisch-physikalisch hervorgerufene Volumenänderungen erzielt werden. Die feste Lösung hat im abgekühlten Zustand (als Austenit) ein geringeres Volumen als Martensit, anderseits ist das Volumen beider bei höherer Temperatur durch die physikalische Ausdehnung größer als bei gewöhnlicher Temperatur. Beim Abschrecken muß also durch die Umwandlung von fester Lösung in Martensit eine Volumvermehrung, durch die Abkühlung eine Volumverminderung eintreten — es darf wohl angenommen werden, daß die letztere die erste stark übertrifft[1]), so daß sie praktisch allein in Frage kommt. Bei einem unendlich kleinen Stück wird die Abschreckung des ganzen Stücks im ganzen Querschnitt zu gleicher Zeit eintreten, es wird somit die Schrumpfung der Masse auf das Volumen des abgekühlten Martensits im ganzen Stück augenblicklich und gleichmäßig erfolgen. Sowie aber ein wirklicher Körper vorliegt, ist der Vorgang anders, selbst wenn, wie bei den Versuchsstücken, die Abschreckung auch im Innern schroff genug ist, um Martensit zu erzeugen; es wird doch die äußere Schale immer — wenn auch bei kleinen Stücken nur um ein Geringes — schneller abgekühlt werden als der Kern, sie wird also bei

---

[1]) Die Richtigkeit dieser Annahme ergibt sich aus Beobachtungen im zweiten Teil vorliegender Arbeit

ihrem Bestreben, das geringere Volumen des abgekühlten Martensits einzunehmen, einen gewissen Widerstand finden in dem noch erhitzten und daher noch voluminöseren Kern. Es wird sich also in der äußeren Schicht Zug, im Innern Druck einstellen. Risse können demgemäß entstehen in der äußeren Schicht, und zwar beispielsweise radial verlaufende Risse in einem Zylinder nach Abb. 20. Derartige Risse wurden häufig beobachtet bei den zu den spezifischen Gewichtsbestimmungen angewandten kleinen Scheiben, sowie auch besonders bei späteren Versuchen mit dünnen Stäben von nur 5 mm Dmr.

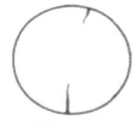

Abb. 20.

Treten keine Risse auf, so muß sich ein Gleichgewichtzustand einstellen: Das Volumen der äußeren Schicht, durch das Abschrecken festgelegt, entspricht nicht dem Volumen, das das Stück als Martensit eigentlich zeigen müßte, sondern ist größer. Nun kühlt sich der Kern ab — auch er hat das Bestreben, das Volumen des abgekühlten Martensits einzunehmen, dies findet jedoch einen gewissen Widerstand dadurch, daß die äußere Schicht bereits auf ein größeres Volumen festgelegt ist. Es muß also nunmehr ein Zug in radialer Richtung entstehen zwischen äußerer Schicht und innerem Kern. Falls diese Spannung zum Reißen führt, müssen konzentrische Ringe oder Teile davon auftreten, nach Abb. 21, die den Zusammenhang zwischen Kern und Mantel aufheben — auch diese Art Risse wurde häufig beobachtet, in manchen Fällen zusammen mit den oben beschriebenen Radialrissen. Entstehen keine Risse, so muß sich auch hier ein gewisses Gleichgewicht einstellen.

Abb. 21.

Aus beiden Vorgängen bleiben demgemäß Spannungen zurück, die um so größer sein dürften, je höher die Elastizitätsgrenze des Stoffes ist. Diese Spannungen haben naturgemäß das Bestreben, sich auszugleichen — dies dürfte beim Anlassen bis auf 150° geschehen, die von Hanemann beobachtete Zersetzung des Martensits bereits bei dieser niedrigen Temperatur wird diesen Ausgleich ermöglichen oder fördern. Da das Gesamtvolumen des Stückes hiernach größer ist, als es den normalen Verhältnissen entspricht, so muß eine Zusammenziehung des Stückes, also eine Steigerung des spezifischen Gewichtes eintreten, wie dies ja auch in den Anlaßkurven der Fall ist. Damit ist der erste Teil der Anlaßkurve erklärt.

Da der Abfall der Anlaßkurve in dem Bereich 150 bis ungefähr 250° auf Grund der Modifikationstheorie ebenfalls nicht zu erklären ist, so lag es nahe, auch hier eine gewisse mechanische Spannungsauslösung — wenn auch anderer Art — anzunehmen. Bei diesem Abfall des spezifischen Gewichts tritt noch deutlicher als bei dem Ansteigen im ersten Bereich der Einfluß des Kohlenstoffgehalts hervor — es schien daher hier eine Wirkung der austenitischen Grundmasse vorzuliegen. Die Erklärung ließe sich dann in folgender Weise geben: Nach Hanemann scheiden sich beim Abschrecken die Martensitnadeln (von relativ größerem Volumen) in einer austenitischen Grundmasse aus. Bei der Ausscheidung der Nadeln dürfte der übrigbleibende Austenit zusammengepreßt werden — er erhält demnach ein höheres spezifisches Gewicht, als ihm eigentlich zukommt Durch die bereits unterhalb 100° beginnende Zersetzung des Martensits und durch die Temperaturerhöhung an sich wird es dem Austenit möglich, oberhalb 150° diesen Spannungszustand zu überwinden, sich also auszudehnen: Dadurch muß das spezifische Gewicht fallen, und zwar solange, bis entweder die Entspannung vollendet ist oder bis die Zersetzung des Austenits beginnt, die ihrerseits wiederum eine Volumenverminderung zur Folge hat. Bei untereutektoiden Stählen ist die Austenit menge gering, daher muß auch die Erscheinung bei ihnen schwächer werden.

Der dritte Bereich 250 bis 450°, der eine starke Volumenabnahme zeigt, muß der Zersetzung des Austenits und der Vollendung der Martensitzersetzung entsprechen. Wie bereits erwähnt, läßt sich allerdings die Modifikationstheorie auch hier nicht anziehen — es muß der Vorgang vielmehr so aufgefaßt werden, daß durch die molekulare Ausscheidung des Kohlenstoffs bezw. des Eisencarbids eine Schrumpfung eintritt, die ihr Ende erreicht, wenn die Ausscheidung vollendet ist (was nach kolorimetrischen Bestimmungen bei 450° erreicht zu sein scheint) oder bis eine Agglomerierung des ausgeschiedenen Eisencarbids eintritt, die nun, wie der weitere Kurvenverlauf oberhalb 450° andeutet, mit einer geringen Auflockerung des Eisens verbunden ist. Damit wäre der Verlauf der Anlaßkurven erklärt.

Die Sondererscheinung, daß durch wiederholtes Abschrecken und Anlassen die Volumenveränderungen geringer werden, kann durch bisher bekannte theoretische Grundlagen nicht erklärt werden (Versuche, die darüber Aufschluß bringen sollen, sind für später geplant).

Auch in praktischer Hinsicht sind einzelne Ergebnisse dieses ersten Teiles zu beachten.

1) Die Versuche über den Einfluß der Höhe der Abschrecktemperatur zeigten, daß, falls diese nur wenig oberhalb des Perlithaltepunktes lag, die Volumenänderung sehr klein war, jedoch mit steigender Abschrecktemperatur äußerst schnell zunahm. Da nun aus anderen Gründen die Abschreckung aus Temperaturen dicht oberhalb der Perlitlinie für die meisten Zwecke die günstigste ist, so erklärt sich daraus, daß bei sachgemäßem Härten die Volumenänderungen und damit auch die Härterisse in viel geringerem Maße auftreten. Besonders wird sich dies bemerkbar machen beim Abschrecken großer Stücke. Bei diesen wird, wenn das Material nur so stark erhitzt wird, daß in der äußeren Schicht der Perlitpunkt überschritten wird, das Innere noch in der Temperatur zurück sein und daher die Umwandlung in feste Lösung noch nicht erfahren haben. Beim Abschrecken wird demnach hier nur äußerlich Martensit auftreten, im Innern jedoch Perlit erhalten bleiben. Hierbei muß nun allerdings eine gewisse Spannung eintreten, insofern als die Martensitschale ein größeres Volumen einnimmt als vorher im perlitischen Zustand; jedoch kann wohl angenommen werden, daß der weiche Perlit den Ausgleich dieser Spannungen völlig übernimmt. Parallele Erscheinungen werden sich bei der Einsatzhärtung herausstellen, wo die äußeren Schichten mit hohem Kohlenstoffgehalt beim Abschrecken größere Volumenveränderungen erleiden, als das kohlenstoffarme Innere. Auch hierbei dürfte ein Innehalten möglichst niedriger Härtetemperaturen von Vorteil sein.

Praktisch wichtig ist auch der Umstand, daß die Temperaturzone, in der der Uebergang aus dem Bereich der geringen Volumenveränderungen in den der starken vor sich geht, verhältnismäßig klein ist, besonders bei den untereutektoiden Stoffen. In diesem Bereich übt demnach ein Unterschied von 20 bis 30° bereits einen starken Einfluß auf die Größe der Volumenänderungen aus. Beim Härten von Massenartikeln, die nach Maß gearbeitet worden sind, ist demnach eine peinliche Innehaltung der einmal gewählten Härtetemperatur unbedingt notwendig, um die unvermeidlichen Volumenveränderungen wenigstens gleich groß zu halten.

2) Die Oelhärtung ergibt geringere Volumenänderungen als die Wasserhärtung, jedoch ist der Unterschied oft nicht sehr groß und scheint sehr von Zufälligkeiten abzuhängen. Bei größeren Stücken dürfte allerdings die günstige Wirkung der Oelhärtung deutlicher hervortreten.

3) Die Spezialstähle — insbesondere die Nickelstähle — erleiden beim Abschrecken geringere oder doch nur gleich große Volumenveränderungen wie die reinen Kohlenstoffstähle gleichen Kohlenstoffgehalts. Da nun durch Spezialzusätze die Eigenschaften der Stähle meist dahin beeinflußt werden, daß der Stahl beim Härten besonders hinsichtlich der mechanischen Eigenschaften sich verhält wie ein reiner Kohlenstoffstahl mit höherem Kohlenstoffgehalt, so lassen sich die unangenehmen Volumen- und Formänderungen gegebenenfalls dadurch einschränken, daß man statt eines reinen Kohlenstoffstahles einen Spezialstahl (Nickelstahl) geringeren Kohlenstoffgehalts nimmt, dessen Verhalten bezüglich der mechanischen Eigenschaften dem ursprünglichen Kohlenstoffstahl entspricht, der aber geringere Volumveränderungen zeigt als dieser. Es darf nach den erhaltenen Ergebnissen als sicher angenommen werden, daß bei umfassender Untersuchung Spezialstähle gefunden werden, bei denen die Volumenänderungen äußerst gering werden im Vergleich zu denen der zu gleichen praktischen Zwecken verwandten reinen Kohlenstoffstähle.

4) Von Bedeutung für die Praxis dürfte ferner die erneute Feststellung sein, daß von reinen Kohlenstoffstählen die stärkste Neigung zu Härterissen das eutektoide Material zeigt, die Neigung nimmt nicht nur mit fallendem Kohlenstoffgehalt ab, sie ist auch im übereutektoiden Material geringer. Der Grund dafür dürfte darin liegen, daß die gesamten Umwandlungen im eutektoiden Stahl — auch beim Abschrecken — sich in einem Punkt (700^0) vollziehen, während sowohl bei niederem wie bei höherem Kohlenstoffgehals die Umwandlungen in Temperaturintervallen vor sich gehen.

Bevor an die Bearbeitung des eigentlichen zweiten Teiles: Volumenänderungen beim Abschrecken größerer Stücke, also beim Auftreten verschiedenartiger Gefügebestandteile herangetreten wurde, schien es wichtig, noch eine Frage zu entscheiden. Wie in der Einleitung angegeben, sind bei Stahlstäben häufig statt Verlängerungen Verkürzungen beim Härten beobachtet worden. Wenngleich von vornherein die Annahme begründet war, daß dies nur durch das Auftreten verschiedener Gefügebestandteile möglich ist, so schien eine Prüfung in anderer Hinsicht doch zur Klärung der Frage wohlangebracht zu sein. Falls nämlich diese Erscheinung auch bei durchgehend abgeschreckten Stücken auftreten könnten, so könnte dies nur im verschiedenen Kohlenstoffgehalt begründet sein, wie Thallner auch annahm. Nach dieser Richtung wurden daher Versuche unternommen.

Zur Verfügung stand Stahl verschiedenen Kohlenstoffgehaltes in Drahtform von 5 mm Dmr. — einer Abmessung, bei der eine durchgehende Härtung sicher eintritt. Folgende Proben wurden zu den Versuchen gebraucht:

Zahlentafel 9.

Bezeichnung	C	Mn	Si	P	S	Cu	entstammt von
A	1,15	0,33	0,03	0,02	Spur	Spur	Sandviken (Schweden)
C	0,85		nicht bestimmt				
D	0,50	0,46	0,21	0,06	0,03	0,03	Lahmeier-Werke
E	0,20	0,54	0,01	0,04	0,04	0,05	

Diss. Schulz.

Von jeder Probe wurden je 4 Stäbe von ungefähr 100 und von ungefähr 50 mm Länge abgeschnitten und ihre Länge auf der Teilmaschine gemessen. Darauf wurden je zwei 100 mm lange und je zwei 50 mm lange Stäbe in Wasser, die übrigen in Oel abgeschreckt. Das Abschrecken geschah aus dem Salzbad aus einer Temperatur von 875°. Ein Teil der Stäbe mußte dann ausgeschieden werden, weil sie sich stark gebogen hatten oder Härterisse zeigten. Die übrigen wurden wieder mit der Teilmaschine gemessen. Das Ergebnis ist in Zahlentafel 10 zusammengestellt.

Zahlentafel 10.

Bezeichnung	Länge vor Abschreckung in Wasser	Länge nach Abschreckung in Wasser	Längen-änderung	Länge vor Abschreckung in Oel	Länge nach Abschreckung in Oel	Längen-änderung
	mm	mm	mm	mm	mm	mm
A	105,15	105,50	+0,35	105,97	106,25	+0,28
	50,39	50,56	+0,17	50,75	50,88	+0,13
C	101,31	101,62	+0,31	—	—	—
	48,27	48,44	+0,17	17,38	47,46	+0,08
D	—	—	—	102,00	102,10	+0,10
	52,77	52,92	+0,15	52,95	52,99	+0,04
E	99,65	99,70	+0,05	100,53$_5$	100,55$_5$	+0,02
	49,35$_5$	49,38	+0,02$_5$	49,30	49,31$_5$	+0,01$_5$

Die angegebenen Werte sind die Mittel aus mehreren Messungen; da die dritte Dezimale (die mit der Teilmaschine noch gemessen wurde) bei den Nachprüfungen stärkere Abweichungen aufwies, so sind nur die beiden ersten Dezimalen jeweils angegeben, in denen die Proben, bei denen beide gleich langen und gleich abgeschreckten Stäbe gesund geblieben waren, gute Uebereinstimmung zeigten. Es läßt sich Folgendes feststellen:

1) Es wurde in keinem Fall eine Verkürzung festgestellt.

2) Die Verlängerung der Stäbe wächst mit steigendem Kohlenstoffgehalt.

3) Die Längenänderung bei der Abschreckung in Oel bleibt gegen die in Wasser zurück, besonders deutlich ist dies bei dem mittleren untereutektoiden Kohlenstoffgehalt.

4) Die Längenänderungen sind ziemlich genau proportional der Stablänge.

Diese Ergebnisse passen sich denen des ersten Teiles der Arbeit gut an. Jedenfalls zeigen sie, daß beim Abschrecken von Stäben gleichviel welchen Kohlenstoffgehalts bei genügend geringem Durchmesser, also einer durchgehenden Härtung, eine Verkürzung nicht eintritt, sondern entsprechend dem Auftreten des Martensits (bezw. in Oel eines geringen Anlaßzustandes) stets eine Verlängerung.

Bemerkenswert ist ferner folgende Rechnung: Der in Teil I der Arbeit verwandte Stahl $K\,5$ und der Stahl A der vorliegenden Versuche unterscheiden sich nicht sehr im Kohlenstoffgehalt; es mußte sich daher eine Beziehung von wenigstens angenäherter Genauigkeit zwischen den Beobachtungen an diesen beiden Stählen herstellen lassen. Es war für $K\,5$ unbehandelt:

$$s = 7,847;$$

bei ungefähr 900° abgeschreckt:

$$s = 7,777.$$

Die Volumina müssen diesen Werten umgekehrt proportional sein, also

$$\frac{V_{\text{angelassen}}}{V_{\text{abgeschreckt}}} = \frac{7{,}777}{7{,}847}.$$

Ist bei der Volumenänderung eines Körpers die Längenänderung nach jeder Richtung gleichmäßig, so muß das Verhältnis der Längen sein

$$\frac{L_{\text{angelassen}}}{L_{\text{abgeschreckt}}} = \frac{\sqrt[3]{7{,}777}}{\sqrt[3]{7{,}847}}$$

$$\frac{L_{\text{angelassen}}}{L_{\text{abgeschreckt}}} = \frac{0{,}997}{1{,}000} = \frac{99{,}70}{100}.$$

Die bei Stahl A gemessene Längenänderung aber beträgt:

$$\frac{L_{\text{angelassen}}}{L_{\text{abgeschreckt}}} = \frac{105{,}15}{105{,}50} = \frac{99{,}67}{100}.$$

Die Uebereinstimmung der beiden Quotienten dürfte genügen, wenn man in Betracht zieht, daß die Vorbehandlung und die chemische Zusammensetzung der verglichenen Stähle Unterschiede aufweisen, die bei der Volumenänderung ihre Wirkung hervortreten lassen müssen.

Zu den nunmehr ausgeführten Abschreckversuchen mit Stücken größerer Abmessungen ist Folgendes vorauszuschicken:

Aus dem bisher Festgestellten muß geschlossen werden, daß eine Abweichung im Kohlenstoffgehalt in den Erscheinungen der Volumenänderungen und damit auch der Formänderungen nur quantitative Unterschiede hervorruft. Die Aenderungen des Volumens sind grundsätzlich stets die gleichen, sie werden nur um so geringer, je niedriger der Kohlenstoffgehalt ist. Es wurden daher die folgenden Untersuchungen nur mit einem Kohlenstoffstahl angestellt, und zwar wurde ein Stahl ziemlich hohen Kohlenstoffgehaltes — der Stahl B mit 1,01 vH Kohlenstoff genommen, um die Erscheinungen recht deutlich zu erhalten. Für die Versuche lagen Rund- und Vierkantstäbe verschiedener Abmessung vor. Es wurden von diesen Stäben Stücke verschiedener Länge abgeschnitten und sorgfältig abgedreht. Die Stücke wurden dann nach den verschiedenen Richtungen bis zu 50 mm mittels Mikrometerschraube, bei größeren Längen mit einer genauen Schublehre gemessen. Zur Abschreckung wurden die Proben im Salzbad auf 900° erhitzt, und zwar wurden sie so lange im Bad belassen, bis eine völlige Durchwärmung des gesamten Stückes auf 900° sicher anzunehmen war, und dann in Wasser von Zimmertemperatur unter kräftiger Bewegung eingetaucht. Das Wassergefäß wurde groß genug gewählt, um eine Erwärmung des Wassers nicht im störenden Maße aufkommen zu lassen.

Es wurden zunächst Versuche angestellt mit Zylindern von 50, 40, 30, 20 und 10 mm Dmr. und verschiedener Höhe. Die Ergebnisse sind in den folgenden Zahlentafeln zusammengestellt. Dabei bedeutet

h_s die mittlere Höhe am Mantel (Mittel aus 4 Messungen),
h_a » Höhe in der Mittelachse,
d den mittleren Durchmesser bei Stücken geringer Höhe (2 Messungen),
d_k » mittleren Durchmesser an den Endflächen,
d_m » mittleren Durchmesser in der Mitte des Zylinders.

(d_k und d_m beziehen sich auf Zylinder größerer Höhe, bei denen sie getrennt gemessen werden konnten.)

Zahlentafel 11.
Zylinder von rd. 50 mm Dmr.

Höhe rund mm	Meßrichtung	Länge vor dem Abschrecken mm	Länge nach dem Abschrecken mm	Längenänderung mm
5	h_s	5,57	5,59$_5$	+0,02$_5$
	h_a	5,58	5,61	+0,03
	d	47,81	48,04	+0,23
10	h_s	9,98	10,00	+0,02
	h_a	9,92	10,04	+0,12
	d	47,86$_5$	47,97	+0,10$_5$
15	h_s	14,80$_5$	14,84$_5$	+0,04
	h_a	14,79	14,90	+0,11
	d_k	47,86$_5$	47,93	+0,06$_5$
	d_m	47,86	47,87$_5$	+0,01$_5$
20	h_s	19,55	19,58	+0,03
	h_a	19,52	19,70	+0,18
	d_k	47,82	47,90	+0,08
	d_m	47,83	47,83	±0,00
30	h_s	30,06	30,17	+0,11
	h_a	30,04	20,29	+0,25
	d_k	47,90	47,98$_5$	+0,08$_5$
	d_m	47,90$_5$	47,92$_5$	+0,02
40	h_s	40,77	40,85$_5$	+0,08$_5$
	h_a	40,78	40,93	+0,15
	d_k	47,76	47,91	+0,15
	d_m	47,74$_5$	47,81$_5$	+0,07
60	h	62,30	62,40	+0,10
	d_k	48,01	48,10	+0,09
	d_m	48,03	48,13	+0,10

Zylinder von rd. 40 mm Dmr.

Höhe rund mm	Meßrichtung	Länge vor dem Abschrecken mm	Länge nach dem Abschrecken mm	Längenänderung mm
5	h_s	5,22	5,25	+0,03
	h_a	5,17	5,24	+0,07
	d	38,36$_5$	38,45$_5$	+0,09
10	h_s	9,68	9,72$_5$	+0,04$_5$
	h_a	9,65	9,75	+0,10
	d	38,34	38,42	+0,08
15	h_s	15,14	15,18$_5$	+0,04$_5$
	h_a	15,12$_5$	15,32	+0,19$_5$
	d_k	38,35	38,47	+0,12
	d_m	38,35$_5$	38,40	+0,04$_5$
20	h_s	20,68	20,74	+0,06
	h_a	20,68	20,87	+0,19
	d_k	38,34$_5$	38,47	+0,12$_5$
	d_m	38,34	38,36	+0,02
30	h_s	30,13	30,22	+0,09
	h_a	30,12	30,27	+0,15
	d_k	38,30	38,39	+0,09
	d_m	38,30	38,32	+0,02
40	h_s	39,65	39,61	+0,09
	h_a	39,51	39,65	+0,14
	d_k	38,30	38,38	+0,08
	d_m	38,23	38,30	+0,07
50	h_s	50,76	50,87	+0,11
	h_a	50,75	50,88	+0,13
	d_k	38,38$_5$	38,47	+0,08$_5$
	d_m	38,40	38,49	+0,09
60	h	60,15	60,25	+0,10
	d_k	38,54	38,64	+0,10
	d_m	37,53	38,66	+0,13

Zahlentafel 11 (Fortsetzung).
Zylinder von rd. 30 mm Dmr.

Höhe rund mm	Meßrichtung	Länge vor dem Abschrecken mm	Länge nach dem Abschrecken mm	Längenänderung mm
20	h_s	$19,80_5$	$19,85$	$+0,04_5$
	h_a	$19,79_5$	$19,89$	$+0,09_5$
	d_k	$28,75_5$	$28,86_5$	$+0,11$
	d_m	$28,75_5$	$28,81$	$+0,05_5$
30	h_s	$29,78_5$	$29,81_7$	$+0,03_2$
	h_a	$29,78_5$	$29,85$	$+0,06_5$
	d_k	$28,76$	$28,81_5$	$+0,05_5$
	d_m	$28,76$	$28,81$	$+0,05$
50	h_s	$50,40$	$50,43_5$	$+0,03_5$
	h_a	$50,39_5$	$50,42$	$+0,02_5$
	d_k	$28,73$	$28,79$	$+0,06$
	d_m	$28,72$	$28,81_5$	$+0,09_5$
90	h	$89,90$	$89,75$	$-0,15$
	d_k	$28,68$	$28,70$	$+0,02$
	d_m	$28,68$	$28,73$	$+0,05$

Zylinder von rd. 20 mm Dmr.

Höhe rund mm	Meßrichtung	Länge vor dem Abschrecken mm	Länge nach dem Abschrecken mm	Längenänderung mm
20	h_s	$19,44$	$19,44_3$	$+0,00_3$
	h_a	$19,44_5$	$19,45_5$	$+0,01$
	d_k	$20,18_7$	$20,19_7$	$+0,01$
	d_m	$20,18_3$	$20,18_5$	$+0,00_2$
30	h_s	$32,10$	$32,09_5$	$-0,00_5$
	h_a	$32,11$	$32,12$	$+0,01$
	d_k	$20,30_7$	$20,31_2$	$+0,00_5$
	d_m	$20,30$	$20,30_5$	$+0,00_5$
40	h_s	$39,36_9$	$39,32_7$	$-0,04_2$
	h_a	$39,33$	$39,33_5$	$+0,00_5$
	d_k	$20,19_2$	$20,20$	$+0,00_8$
	d_m	$20,20_2$	$20,21_7$	$+0,01_5$
40	h_s	$40,13_5$	$40,10$	$-0,03_5$
	h_a	$40,14$	$40,13$	$-0,01$
	d_k	$20,22$	$20,22_5$	$+0,00_5$
	d_m	$20,22_5$	$20,23_5$	$+0,01$
70	h	$69,53$	$69,53$	$\pm0,00$
	d_k	$20,19_5$	$20,22_8$	$+0,03_3$
	d_m	$20,20_2$	$20,25_5$	$+0,05_3$
100	h	$100,30$	$100,30$	$\pm0,00$
	d_k	$20,25$	$20,28_4$	$+0,03_4$
	d_m	$20,24$	$20,28$	$+0,04$

Zylinder von rd. 10 mm Dmr.

Höhe rund mm	Meßrichtung	Länge vor dem Abschrecken mm	Länge nach dem Abschrecken mm	Längenänderung mm
40	h	$43,82$	$43,94_5$	$+0,12_5$
	d_k	$9,27_5$	$9,29_2$	$+0,01_7$
	d_m	$9,30$	$9,32_7$	$+0,02_7$
60	h	$64,25$	$64,43$	$+0,18$
	d_k	$9,70$	$9,72_7$	$+0,02_7$
	d_m	$9,68_7$	$9,71_5$	$+0,02_8$
90	h	$89,75$	$89,95$	$+0,20$

Die Zylinder von 10 mm Dmr. sowie die Zylinder größeren Durchmessers, aber von einer Höhe unter 10 mm nehmen in den vorliegenden Versuchen eine Sonderstellung ein, wie weiter unten erörtert werden wird, sie scheiden daher für die folgende Besprechung zunächst aus. Bei Betrachtung der Zahlentafeln fällt auf, daß nunmehr tatsächlich Längenänderungen im negativen Sinne, Verkürzungen eingetreten sind. Es ist jedoch erkennbar, daß diese nur dann auftreten, wenn die Höhe des Zylinders dessen Durchmesser übertrifft, der Körper also ausgesprochene Stabform hat (allerdings tritt bei dieser Stabform die Verkürzung nicht immer ein). Es muß demnach unterschieden werden zwischen

P-Zylindern (Platten), bei denen der Durchmesser größer ist als die Höhe, und

S-Zylindern (Stab), bei denen der Durchmesser kleiner ist als die Höhe.

Die Zylinder der ersten Gruppe zeigen alle grundsätzlich das gleiche Verhalten. Sie dehnen sich beim Abschrecken nach allen Richtungen aus. Die Verlängerung in der Achse übertrifft hierbei die in der Richtung der Seitenlinien, und zwar um so mehr, je kleiner die Höhe des Zylinders ist. Bezeichnet man die Zunahme h_a mit $\varDelta_a$ und die von h_s mit $\varDelta_s$, so ist bei den Zylindern von 50 mm Dmr.

für die Höhe 10 mm . . . . $\varDelta_a = 6 \times \varDelta_s$,
» » » 15 » . . . . $\varDelta_a = $ rd. $3 \times \varDelta_s$,
» » » 30 » . . . . $\varDelta_a = $ » $2 \times \varDelta_s$,
» » » 40 « . . . . $\varDelta_a = $ $2 \times \varDelta_s$.

In ähnlicher Weise ergibt sich für die Zylinder von 40 mm Dmr.

für die Höhe 15 mm . . . . $\varDelta_a = $ rd. $4 \times \varDelta_s$,
» » » 20 » . . . . $\varDelta_a = $ » $3 \times \varDelta_s$,
» » » 30 » . . . . $\varDelta_a = $ » $1,5 \times \varDelta_s$,
» » » 40 » . . . . $\varDelta_a = $ » $1,5 \times \varDelta_s$,
» » » 50 » . . . . $\varDelta_a = $ » $1,2 \times \varDelta_s$,
» » » 60 » . . . . $\varDelta_a = \varDelta_s$.

Zweitens findet sich bei den *P*-Zylindern ein Unterschied in der Aenderung des Durchmessers in der Mitte und der Durchmesser an den Kopfflächen: die Verlängerung der Durchmesser an den Kopfflächen ist größer als die des Durchmessers in der Mitte. Auch dieser Unterschied ist bei den Zylindern geringerer Höhe stark ausgeprägt und wird mit wachsender Höhe geringer, in ganz ähnlicher Weise wie dies beim Verhältnis der Höhen h_a und h_s zu einander der Fall war. Der ursprünglich rechteckige axiale Längsschnitt der *P*-Zylinder wird also so verändert, wie Abb. 22 übertrieben darstellt.

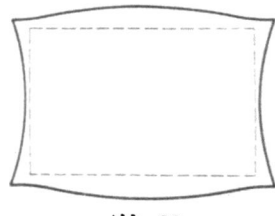

Abb. 22.

Diese Formänderung kann zunächst auf verschiedene Weise erklärt werden. Der Unterschied in der Verlängerung der Höhen kann die Folge sein einer Ausdehnung des Zylinders in der Längsrichtung, der die Seitenlinien nicht folgen konnten, oder aber einer Zusammenziehung des Zylinders, der die Mittelachse nicht folgen konnte. Entsprechend kann der Unterschied der Längenänderung der Durchmesser verschieden erklärt werden. Im ersten Teil der Arbeit wurde darauf hingewiesen, daß im Augenblick des Abschreckens zwei Vorgänge auf die Volumenänderung in einander entgegengesetzter Weise einwirken: einmal die Umwandlung der festen Lösung in Martensit: eine Volumenvermehrung hervorrufend, zweitens die Wirkung der Zusammenziehung durch Abkühlung: eine Volumenverminderung erzielend. Die Frage, welche Wirkung die überwiegende sei, mußte damals offen gelassen werden, es wurde nur angenommen, daß die Zusammenziehung überwiegt. Auf Grund der letzten Feststellung ist es jedoch möglich, die Frage tatsächlich zu beantworten. Falls nämlich die Volumenvermehrung überwöge, so müßte die starke Verlängerung der Achse auf dieser beruhen, der Mantel hätte dann dieser Verlängerung (vielleicht infolge der Fixierung eines mehr austenitischen Zustandes) nicht folgen können. Ueberwiegt dagegen die thermische Volumenverminderung, so würde die stärkere Verlängerung der Achse damit zu erklären sein, daß sie infolge des noch heißen, daher voluminösen Kernes der Schrumpfung des Mantels nicht folgen konnte, der selbst nicht behindert war, sich in der Längsrichtung zusammenzuziehen. Im ersten Fall dürfte nun die Achse, wie wohl einzusehen ist, nicht länger sein, als sich ergibt, wenn man die Verlängerung des Zylinders durch Abschreckung berechnet aus der Volumenveränderung des Stahls durch Abschrecken, wie sie im ersten Teil der Arbeit festgestellt wurde; im zweiten Fall dagegen wäre dies sehr wohl möglich.

Das spezifische Gewicht des Stahles B war

im Anlieferungszustand $s = 7{,}838$,
im abgeschreckten Zustand $s_1 = 7{,}766$.

Daraus ergeben sich die spezifischen Volumina:

im Anlieferungszustand $v = 0{,}12758$.
im abgeschreckten Zustand $v_1 = 0{,}12877$,

es tritt also durch Abschrecken eine Volumenvermehrung von $0{,}12758$ auf $0{,}12877$, d. h. von 100 auf 100,93 ein. Dies entspricht einer linearen Zunahme von 100 auf rd. 100,003, also um 0,3 vH. Bei den P-Zylindern aber, bei denen ein stärkerer Unterschied zwischen den Zunahmen von h_a und h_s besteht, ist stets die Zunahme von h_a beträchtlich größer als 0,3 vH der Zylinderlänge, sie kommt meist nahe an 1,0 vH heran und überschreitet diesen Wert in Einzelfällen sogar um ein Geringes. Dagegen entspricht die Längenänderung der Seitenlinien ziemlich genau dem Wert 0,3 vH der Zylinderlänge, wenngleich auch hier Abweichungen vorliegen, die in dem weiter unten Ausgeführten ihre Erklärung finden. Es ist also anzunehmen, daß bei den P-Zylindern die Ausbauchung der Grundflächen durch die thermische Zusammenziehung der äußeren Schichten über dem noch warmen und daher noch voluminösen Kern entstand. Es ist ferner einleuchtend, daß bei einer Schrumpfung, die von innen heraus gehemmt wird, ebene Flächen herausgedrückt werden müssen. Die Verlängerung des Mantels stellt also die durch die Umwandlung in Martensit bewirkte Volumenänderung dar, während die stärkere Verlängerung der Achse auf dem eben Ausgeführten beruht.

Anders liegt die Sache bei dem Unterschied in der Längenänderung der Durchmesser. Die stärkere Ausdehnung haben die Durchmesser der Kopfflächen erfahren, aus der Zahlentafel ergibt sich aber, daß die Verlängerung 0,3 vH des Durchmessers nicht überschreitet, meist diesem Werte sogar gut entspricht. Hier stellen also die größeren Längenzunahmen die Verlängerungen durch die Martensitumwandlung dar, die Durchmesser der Mitte müssen demgemäß eine gewisse Verkürzung erfahren haben. Die Erklärung dieser Zusammenziehung liegt nicht ohne weiteres klar zu Tage, ihr kann erst näher getreten werden in dem folgenden Abschnitt, der die Gefügeänderungen in den Kreis der Betrachtung zieht.

Betrachtet man nunmehr die Zylinder, deren Höhe ungefähr gleich dem Durchmesser ist, so zeigt sich zunächst, wie bereits erwähnt, daß hier der Unterschied zwischen der Zunahme der Höhen geringer wird, und zwar scheint die Zunahme von h_a sich mehr und mehr dem Werte von 0,3 vH der Höhe, also der Zunahme rein durch Martensitbildung zu nähern; aber auch die Zunahme von h_r scheint eine Neigung zu besitzen, zu fallen und unter das Maß von 0,3 vH herunterzugehen. Auch der Unterschied zwischen den Zunahmen der Durchmesser wird geringer; und bei geringem Ueberschreiten von h über d kehrt sich die Erscheinung um: d_m nimmt mehr zu als d_k, es entsteht also eine Ausbauchung der Zylindermantelfläche. Diese Ausbauchung tritt besonders noch hervor bei den weiter unten besprochenen eine Verkürzung erleidenden S-Zylindern. Sie überschreitet jedoch den Wert 0,3 vH des Durchmessers nicht, so daß die Durchmesser an den Kopfflächen gegen diesen Wert zurückbleiben. Bereits oben war darauf hingedeutet, daß die Einziehung der Mantelfläche bei P-Zylindern auf eine Schrumpfung des Inneren hinweist. Das muß auch bei den jetzt betrachteten Zylindern eingetreten sein, vorher jedoch hat sich der Mantel, wie oben beschrieben, um den noch heißen Kern zusammengezogen. Während sich nun die Hemmung von innen bei den P-Zylindern in einer Ausbauchung der Kopffläche äußerte, drückte der Kern bei den jetzt besprochenen Uebergangszylindern und den S-Zylindern die Mantelfläche nach außen. Aus Abb. 23 und 24 wird die Wahrscheinlichkeit dieser Annahme klar: der voluminöse Kern drückt bei P-Zylindern mit seiner größten Fläche gegen die Kopfflächen, bei S-Zylindern gegen den Mantel, der Kern hat sozusagen das Bestreben, Kugelgestalt anzunehmen und preßt daher an seinen langen Seiten die umgebende Schale nach außen.

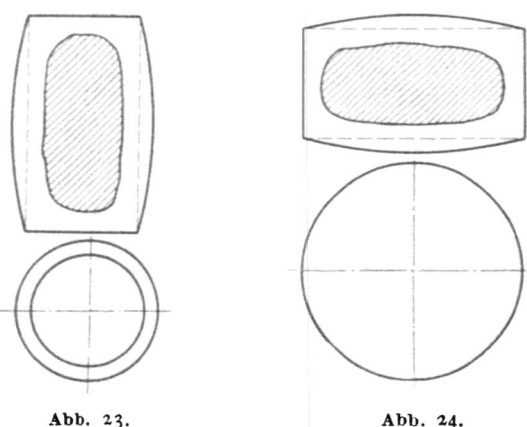

Abb. 23. Abb. 24.

Es lassen sich demgemäß ein ganz Teil der Erscheinungen auf rein physikalischem Wege durch die thermische Ausdehnung und Zusammenziehung zwanglos erklären. Offen bleibt dagegen die Frage: Woher kommen die beobachteten Zusammenziehungen 1) der Mitte der Mantelfläche der P-Zylinder, 2) der gesamten Mantelfläche der S-Zylinder und 3) der Höhe der S-Zylinder?

Bevor in die Erörterung dieser Erscheinungen, die sich aus den Gefüge-Untersuchungen erklären, eingetreten wird, seien zunächst noch einige Messungen über die Formveränderung von Vierkantkörpern mitgeteilt. Gemessen wurden:

  die drei Hauptachsen des Körpers (eine senkrechte) A_r und (zwei
   gleiche wagerechte) A_h,
  die senkrechte Kante (4 Messungen) K_r,
  die wagerechte Kante (8 Messungen) K_h,

die Mittellinie der senkrechten Seitenfläche (4 Messungen) M_v,
die Mittellinie der wagerechten Seitenfläche (4 Messungen) M_h (wurde bei dünnen Platten nicht bestimmt).

Versuche wurden nur ausgeführt mit Stücken von Vierkantstäben mit 40 und 50 mm Seitenkante, also mit Prismen von der Grundfläche 40×40 und 50×50 mm. Das Ergebnis der Abschreckversuche, die ebenso ausgeführt wurden wie bei den Zylindern, ist in Zahlentafel 12 wiedergegeben.

Die festgestellten Längenänderungen bei diesen prismatischen Körpern entsprechen durchaus denen der Zylinder. Die senkrechten Achsen haben die stärkste Verlängerung erfahren, den Zylindern entsprechend ist also eine Ausbauchung der Endflächen entstanden, die auf dieselbe Weise zu erklären ist wie bei den Zylindern. Die senkrechten Kanten haben fast immer eine geringere Ausdehnung erfahren als die Mittellinien der senkrechten Seitenflächen — dies dürfte ebenfalls auf der bei den Zylindern dargelegten Erscheinung der langsameren Abkühlung des Inneren beruhen. Der Unterschied zwischen den Längenänderungen der wagerechten Achsen und denen der wagerechten Kanten und Seitenflächenmittellinien ist etwas schwankend und nicht sehr groß — auffallend ist vor allem eine Beobachtung: Während bei den dünnsten Platten die Längenänderungen in der wagerechten Richtung die in der senkrechten stark übertreffen, ist dies bei den Körpern größerer Höhe nicht mehr der Fall; diese Erscheinung dürfte der bei den Zylindern beobachteten Verkürzung des Durchmessers in gewisser Weise entsprechen.

Die noch offenen Fragen wurden nunmehr ihrer Lösung näher gebracht durch Gefügeuntersuchungen.

Frühere Versuche von Hanemann hatten bereits gezeigt, daß beim Abschrecken von Zylindern größeren Durchmessers verschiedene Gefügebestandteile auftreten, und zwar daß — von außen nach innen betrachtet — auf eine rein martensitische Schicht eine Uebergangsschicht folgt aus Martensit mit zuerst vereinzelten, dann immer dichter werdenden Osmonditausscheidungen; die Osmonditmenge wird schließlich so groß, daß Martensit nur noch in Inselchen vorkommt und endlich ganz verschwindet, so daß also ein völlig osmonditischer Kern vorliegt. Ganz im Innern der Stücke waren jedoch neben etwas lamellarem Perlit (dessen Ausbildung infolge der hier sehr langsam vor sich gehenden Abkühlung nicht verwunderlich erscheint) in verschiedenen Fällen deutlich ausgebildete Martensitinseln festzustellen, so daß das Gefüge im Innern des Kernes — abgesehen von dem Perlit — einer viel weiter außen liegenden, daher viel schneller abgekühlten Zone entsprach. Ganz abgesehen von dieser letzteren Beobachtung schien die Gefügeausbildung für die vorliegende Arbeit bei dem starken Volumenunterschied, der gerade zwischen Martensit und Osmondit vorliegt, von großer Bedeutung zu sein. Da Versuche in dieser Richtung in gewisser Weise erschwert sind durch den Umstand, daß es außerordentlich schwer ist, Querschnitte und Schliffe durch den gehärteten Körper zu erhalten, so wurde in besonderer Weise verfahren, nachdem durch Vorversuche festgestellt worden war, daß bei vorsichtiger Arbeit ein Unterschied im Gefüge durch die besondere Ausführung nicht entstand. Die Stücke wurden nämlich vor dem Abschrecken bereits in der gewünschten Weise durchgeschnitten, die Schnittflächen wurden gut eben geschliffen, mit einer dünnen Schicht Wasserglas bestrichen, wieder zusammengelegt und der Körper fest mit Draht umwunden, so daß wieder ein Stück — allerdings mit einer Trennungsfuge — vorlag. Diese Trennungsfuge konnte für die Abschreckwirkung nur insofern von Bedeutung

Zahlentafel 12.
Prismen, Grundfläche rd. 40 × 40 mm Dmr.

Höhe rund mm	Meßrichtung	Länge vor dem Abschrecken mm	Länge nach dem Abschrecken mm	Längenänderung mm
3	A_v	2,93	2,97	+0,04
	K_v	3,06	3,08	+0,02
	M_v	3,01	3,02	+0,01$_7$
	A_h	38,10	38,22	+0,12$_5$
	K_h	38,09	38,17	+0,08$_5$
6	A_v	5,66	5,75	+0,09
	K_v	5,71$_5$	5,75	+0,03$_5$
	M_v	5,70	5,73$_5$	+0,03$_5$
	A_h	38,63	38,71$_5$	+0,08$_5$
	K_h	38,60$_5$	38,68$_5$	+0,08
10	A_v	9,63	9,74	+0,11
	K_v	9,64	9,67	+0,03
	M_v	9,63	9,68	+0,05
	A_h	38,13$_5$	38,22$_5$	+0,09
	K_h	38,11	38,16$_5$	+0,05$_5$
15	A_v	14,86	15,06	+0,19
	K_v	14,85	14,88	+0,03
	M_v	14,84$_5$	14,91$_5$	+0,07
	A_k	38,13	38,18$_5$	+0,05$_5$
	K_h	38,10	38,16$_5$	+0,06$_5$
	M_h	38,13	38,21$_5$	+0,08$_5$
20	A_v	19,36	19,55	+0,19
	K_v	19,38	19,42$_5$	+0,04$_5$
	M_v	19,36	19,43	+0,07
	A_h	38,07	38,08	+0,01
	K_h	38,06	38,12	+0,06
	M_h	38,08	38,15	+0,07
30	A_v	29,37	29,49	+0,12
	K_v	29,38	29,46	+0,08
	M_v	29,38	29,47	+0,09
	A_h	38,04	38,10	+0,06
	K_h	38,06	38,12	+0,06
	M_h	38,06	38,11	+0,05

Prismen, Grundfläche rd. 50 × 50 mm Dmr.

Höhe rund mm	Meßrichtung	Länge vor dem Abschrecken mm	Länge nach dem Abschrecken mm	Längenänderung mm
3	A_v	3,15	3,17	+0,02
	K_v	3,26	3,27	+0,01
	M_v	3,22	3,22$_5$	+0,00$_5$
	A_h	48,50	48,63	+0,13
	K_h	48,52	48,70	+0,18
10	A_v	9,92	10,01	+0,09
	K_v	9,94	9,96	+0,02
	M_v	9,94	9,96	+0,02
	A_h	48,48	48,56	+0,08
	K_h	48,47$_5$	48,53	+0,05$_5$
30	A_v	28,26	28,49	+0,23
	K_v	28,26	28,36	+0,10
	M_v	28,27	28,38$_5$	+0,11$_5$
	A_h	48,49	48,54	+0,05
	K_h	48,50	48,56$_5$	+0,06$_5$
	M_h	48,49	48,55$_5$	+0,06$_5$
40	A_v	38,66	38,80	+0,14
	K_v	38,67	38,75	+0,08
	M_v	38,66$_5$	38,76$_5$	+0,10
	A_k	48,50	48,58$_5$	+0,08$_5$
	K_h	48,51	48,56	+0,05
	M_h	48,50	48,56	+0,06

Zahlentafel 12 (Fortsetzung).
Prismen, Grundfläche rd. 50 × 50 mm Dmr.

Höhe rund mm	Meßrichtung	Länge vor dem Abschrecken mm	Länge nach dem Abschrecken mm	Längenänderung mm
50	A_v	48,79	48,90$_5$	+0,11$_5$
	K_v	48,78$_5$	48,92	+0,13$_5$
	M_v	48,79	48,93	+0,14
	A_h	48,55$_5$	48,67	+0,11$_5$
	K_h	48,57	48,64	+0,07
	M_h	48,55	48,66	+0,11

sein, als die entstehenden inneren Spannungen durch eine gewisse kleine Ausgleichmöglichkeit etwas verändert wurden. Eine ganze Reihe solcher Körper von verschiedener Form und Größe wurde aus dem Stahl B hergestellt und nach dem Erhitzen auf 950° in Wasser abgeschreckt. Das Ergebnis war grundsätzlich stets das gleiche, es sind daher im Folgenden nur die grundlegenden Versuche eingehender behandelt.

Der erste Versuch wurde ausgeführt mit einem Würfel von 37 mm Kantenlänge, der durch einen Schnitt parallel zu einer Seitenfläche in zwei gleiche Hälften geteilt worden war[1]). Nach dem Abschrecken war die Trennungsfläche bei den beiden Stücken nicht mehr eben: beim leichten Anschleifen traten deutlich eine schmale erhabene Randzone und ein größerer, rundlicher, ebenfalls erhabener Kern hervor; Abb. 25 zeigt die leicht angeschliffene Fläche, die erhabenen Stellen erscheinen durch die Spiegelung hell. Demnach liegt also vor: eine Randschicht von geringerer Dichte, auf welche eine dichtere Schicht folgt, daran schließt sich jedoch sogleich wieder ein großer mehr ausgedehnter Kern an. Es ist wohl anzunehmen, daß die Ausbauchung des Kernes dahin erklärt werden muß, daß bei der Zusammenziehung des Mantels über dem noch heißen Kern die geteilten Seitenflächen sich an den durchschnittenen Stellen etwas von einander entfernten und so die Ausbauchung im Innern der Trennungsfläche erzielten, die demgemäß eine Folge der besonderen Versuchsanordnung ist. Zu betrachten ist daher nur die lockerere Mantelschicht. Nach den rein thermischen Vorgängen ist sie mit der darauf folgenden dichteren Schicht nicht zu erklären. Nachdem die Fläche (die übrigens in der einen Ecke einen zur Begrenzungslinie des Kerns ungefähr parallel verlaufenden Riß zeigte) wieder eben geschliffen und poliert war, wurde sie mit alkoholischer Salzsäure geätzt. Abb. 26 stellt die geätzte Fläche etwas vergrößert dar. Auf eine blanke Randschicht, die an den Seiten etwa 4,5 mm breit und an den Ecken rundlich abgegrenzt ist, folgt eine an den verschiedenen Stellen nicht ganz gleich ausgebildete Uebergangschicht, entweder einen allmählichen Uebergang darstellend oder aus dunkleren und helleren Streifen bestehend. Bereits in diesem Bild ist zu erkennen, daß diese Schicht zunächst mit dunklen Inselchen beginnt, die nach innen zu allmählich dichter werden und in eine fast ganz gleichmäßig dunkle Schicht übergehen, in welcher aber ein Kern mit einer stärkeren Anhäufung heller Punkte ganz im Innern wieder deutlich erkennbar ist. Zur noch klareren Darstellung der einzelnen Schichten sind mehrere Stellen des Stückes, und zwar fünf Punkte von

Abb. 25.

---

[1]) Es sei bemerkt, daß vor dem Abschrecken die absolute Gleichmäßigkeit des Gefüges des Stückes festgestellt wurde: Perlit mit überschüssigem Cementit.

der Mitte einer Seitenkante nach dem Mittelpunkt hin fortschreitend, in Abb. 28 bis 32 in 20facher Vergrößerung wiedergegeben. Die Lage der Punkte ergibt sich aus der Abb. 27, in der die Punkte angegeben und mit der Nummer des zugehörigen Bildes versehen sind. Abb. 28 zeigt die zuerst auftretenden dunklen Inseln, die sich im rechten Teil des Bildes bereits zu einem Netzwerk zusammenschließen, in Abb. 29 ist dies bereits vorherrschend geworden, in Abb. 30 zeigt sich das allmählich fast völlige Verschwinden des hellen Bestandteiles, von dem in Abb. 31 nur noch ganz wenige kleine Punkte übrig geblieben sind, die Fläche ist übrigen gleichmäßig dunkel; Abb. 32, den Mittelpunkt des Stückes darstellend, zeigt dagegen deutlich die hier wieder zahlreicheren und größeren hellen Inseln, die dem Gefüge zwischen Abb. 29 und 30 entsprechen. Die genauere mikroskopische Untersuchung bewies, daß es sich in der Tat nur um zwei Gefügebestandteile handelt, die ohne Uebergänge stets scharf voneinander begrenzt im Sinne der Hanemannschen Feststellungen nebeneinander lagen: Der helle Bestandteil Martensit und der dunkle Osmondit. Es geht dies deutlich aus Abb. 33 und 34 hervor, die in 200facher Vergrößerung in Abb. 33 eine Stelle zwischen Abb. 28 und 29 und in Abb. 34 wieder ungefähr den Mittelpunkt des Stückes zeigen. Insbesondere wird hier deutlich, daß auch die hellen Inseln im Innern wohlausgeprägter Martensit sind, der im Gefüge durchaus dem der Randschicht entspricht.

Versuche mit anderen Stücken hatten alle im wesentlichen den gleichen Erfolg. Abb. 35 und 36 zeigen den Schnitt durch einen Zylinder von 38 mm Dmr. und 65 mm Höhe, der der Länge nach durchschnitten war. Abb. 35 stellt die leicht angeschliffene Schnittfläche nach dem Abschrecken mit hervortretender Randschicht und Kern dar, Abb. 36 gibt die geätzte Fläche wieder, entsprechend Abb. 26 vom Würfel. Auch hier finden sich die gleichen Verhältnisse, wie sie bei diesem geschildert wurden — insbesondere treten die Martensitinseln im Innern bei diesem Bild deutlich in Erscheinung.

Das Ergebnis eines besonderen Versuches stellt Abb. 37 dar. Der Körper aus Kohlenstoffstahl sehr hohen Kohlenstoffgehalts (1,8 vH) hatte ungefähr Würfelform (der Vierkantstab hatte keinen genauen rechtwinkligen Querschnitt); der Schnitt wurde wie bei dem zuerst behandelten Würfel durchgelegt, der Körper dann aber von einer Temperatur von ungefähr 1200° abgeschreckt. Die Versuchsbedingungen waren demnach hier hinsichtlich der abschreckenden Wirkung äußerst scharf gewählt und dem entsprach auch das Ergebnis: das Stück zeigte auf der Querschnittsfläche nach dem Abschrecken außer einer Menge von feinen Kantenrissen am äußeren Rande zwei große sich kreuzende Risse im Innern — außerdem war die gesamte Querschnittsfläche konkav geworden: ein Zeichen für eine sehr starke Zugbeanspruchung im Innern. Abb. 37 gibt die geätzte Schlifffläche wieder. Auch hier findet sich die helle Randschicht und ein dunkler Kern. Die genauere Untersuchung ergab in diesem Falle ähnliche Verhältnisse wie bei den beiden oben behandelten Stücken, nur lag statt Martensit ein Gemisch von Martensit und Austenit vor und das Auftreten der Martensitinseln ganz im Innern war kaum bemerkbar.

Durch diese Versuche wurde also zunächst die bereits bekannte Erscheinung bestätigt, daß beim Abschrecken größerer Stücke sich eine Martensitrandschicht bildet um einen Kern, der sich im Anlaßzustand befindet. Da die Martensitschicht bei allen Versuchen eine Breite von annähernd 5 mm zeigte, so ergibt sich hier der Grund für das besondere Verhalten der Zylinder von 10 mm Dmr.: sie sind nach dem Abschrecken durchweg martensitisch ohne

E. K. Schulz: Ueber die Volumen- und Formänderungen des Stahles beim Härten.

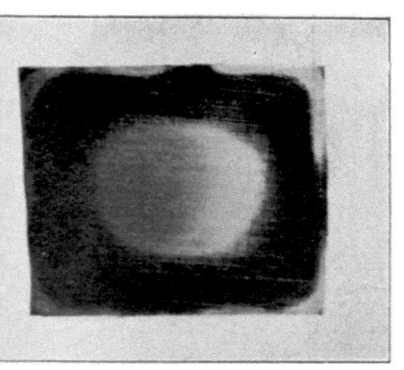

Abb. 26.

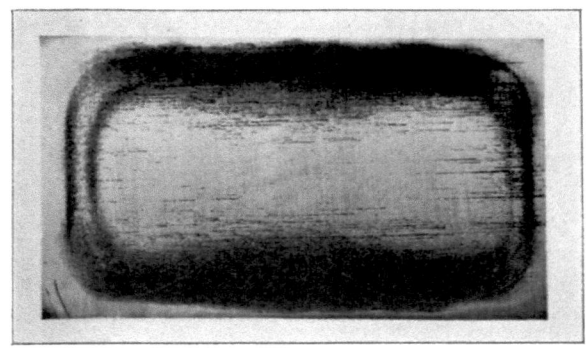

Abb. 35.

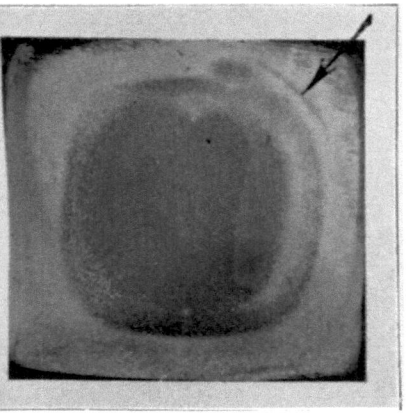

Abb. 27.

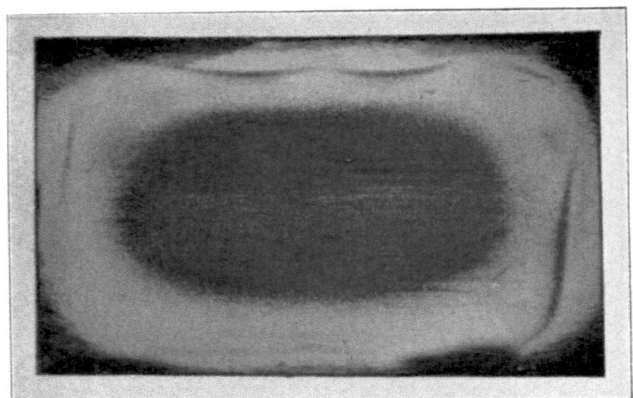

Abb. 36.

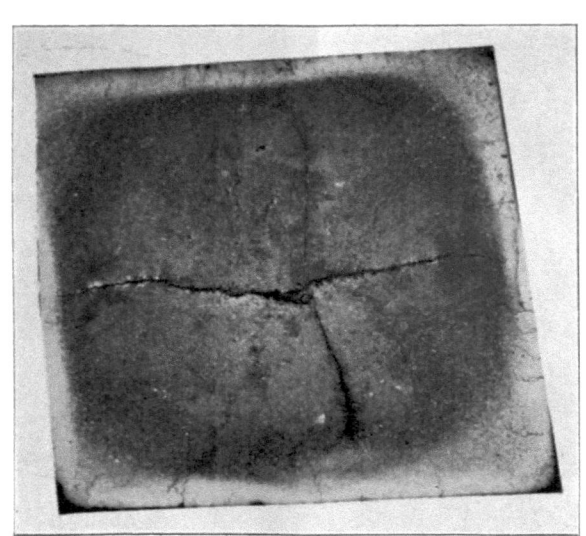

Abb. 37.

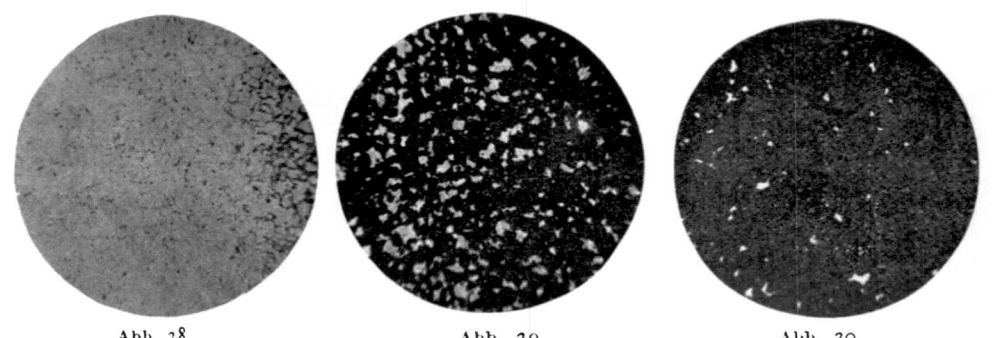

Abb. 28.   Abb. 29.   Abb. 30.

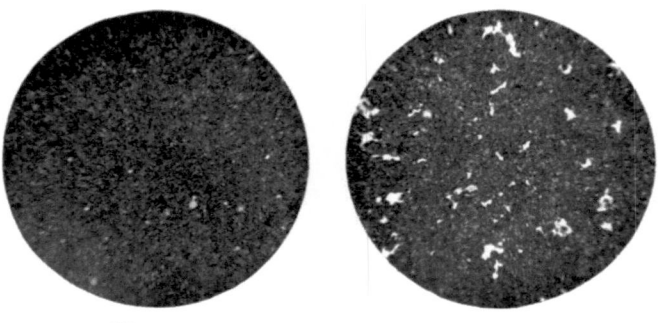

Abb. 31.   Abb. 32.

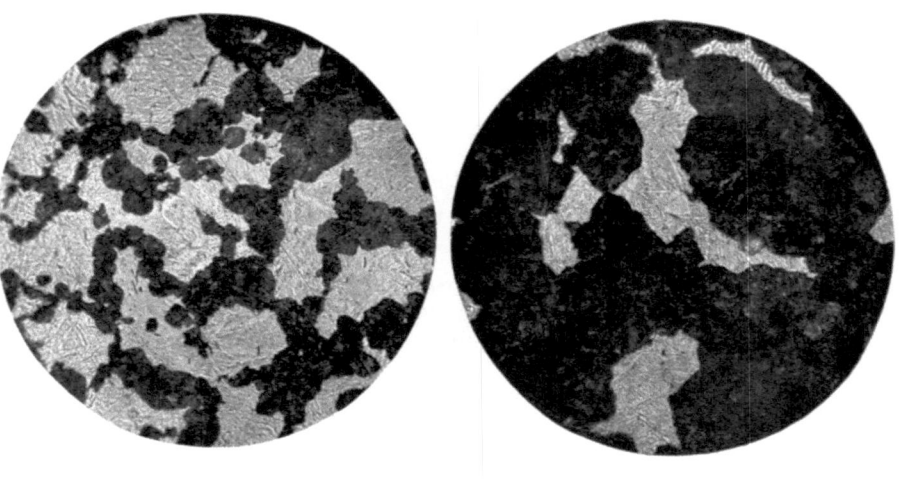

Abb. 33.   Abb. 34.

Osmonditkern, ebenso verhalten sich Platten von einer Höhe, die geringer ist als 10 mm. Diese Stücke können also nicht zu den größeren Stücken im Sinne vorliegender Arbeit gerechnet werden, sie verhalten sich wie die Platten, die zu den Versuchen im ersten Teil der Arbeit gebraucht wurden und wie die 5 mm starken Drähte.

Die Vorgänge, die zu der Ausbildung des Gefüges beim Abschrecken großer Stücke führen, sind zum Teil bereits eingehend von Hanemann behandelt worden. Er bespricht jedoch nicht die bereits von ihm mitgeteilte und hier bestätigte Beobachtung, daß ganz im Innern wieder eine größere Anhäufung von Martensitinseln auftritt. Wenngleich von vornherein nicht anzunehmen war, daß diese etwa auf eine schnellere Abkühlung des Kernes gegenüber den mittleren rein osmonditischen Schichten zurückzuführen ist, so schien es doch von Wert, Versuche über den Verlauf der Abkühlung der inneren Schichten anzustellen, da dadurch noch Licht in die Fragen der Osmonditentstehung gebracht werden konnte. Für dahingehende Versuche standen Stücke des Stahles B von Zylinderform (60 mm Dmr.) zur Verfügung, die auf ungefähr 150 mm Länge abgeschnitten wurden. Es war beabsichtigt, die Abkühlungskurve beim Abschrecken an verschiedenen Stellen im Innern möglicht genau aufzunehmen. Die Versuche stießen in der Ausführung auf große Schwierigkeiten. Als gangbar erwies sich endlich folgender Weg: Die Stücke wurden mit einer Bohrung versehen, die sich von einer Kopffläche parallel zur Achse bis auf die halbe Länge in das Stück hinein erstreckte (Durchmesser der Bohrung ungefähr 4 mm). In die Bohrung wurde ein Thermoelement mit unten offenem Schutzrohr eingeführt — die Lötstelle war nur durch dünnes Asbestpapier von der Stahlwandung isoliert. Das Stück wurde dann mit einer Drahthandhabe versehen und in einem Kohlewiderstandsofen — durch Holzkohlepackung vor Entkohlung geschützt — auf ungefähr $1000°$ erhitzt. Beim Abschrecken wurden die Stücke nur bis zum oberen Rande in das Wasser eingetaucht, da sonst das Schutzrohr platzte, und das eindringende Wasser das Element kurz schloß. Der durch diese Art des Abschreckens entstehende Fehler infolge der langsameren Abkühlung der oberen Kopffläche dürfte bei der verhältnismäßig großen Entfernung des geprüften Punktes von dieser Fläche das Ergebnis nicht allzusehr beeinflussen.

Ueber die Ergebnisse dieser Versuche soll im einzelnen in einer besonderen späteren Arbeit berichtet werden. Hier sei nur mitgeteilt, daß, wie zu erwarten war, die Abkühlung um so langsamer vor sich ging, je näher die Prüfstelle bei gleicher Höhenlage im Zylinder der Achse lag. In der zentralen Bohrung wurde für die Abkühlung von $1000°$ auf ungefähr $100°$ eine Zeit von annähernd zwei Minuten festgestellt.

Der Grund für das Auftreten des Martensits im Innern kann demnach nicht die Folge einer Abschreckung im gewöhnlichen Sinne sein, es muß bei seiner Ausbildung ein besonderer Grund mitwirken. Beim Abschrecken der großen Stücke wird, wie bereits oben erläutert, der martensitische Mantel seinem Volumen nach fixiert über dem noch hoch erhitzten Kern. Die so erzielte Ausdehnung des Stückes ist verhältnismäßig groß — einmal, weil Martensit an sich ein großes spezifisches Volumen besitzt, anderseits weil das Volumen durch den hoch erhitzten Kern noch mehr vergrößert wird. Würde nun der Kern sich ebenfalls in Martensit umwandeln, so würden bereits jetzt Spannungen eintreten, wie oben erläutert und nachgewiesen wurde; um so größer aber müssen die entstehenden Spannungen werden, wenn bei diesen großen Stücken der Kern sich infolge der langsameren Abkühlung umwandelt in den äußerst dichten Osmondit, der bestrebt ist, ein viel geringeres Volumen einzunehmen als der Martensit oder gar die noch erhitzte feste Lösung. Es muß demgemäß eine äußerst große Zugbeanspruchung im Innern auftreten. Zum Teil kann diese ausgeglichen werden durch Formänderungen des Körpers, wie weiter unten ausgeführt wird; jedoch wird der harte Martensit in dieser Hinsicht nur wenig Ausgleich gestatten. Die übrigbleibenden Spannungen können weiterhin zum Reißen führen. Entweder reißt das Stück in einer Linie, die der Begrenzung des Osmonditkernes parallel geht, es äußert sich also die Zugbeanspruchung unmittelbar zwischen Martensit und Osmondit (das Bild des zuerst behandelten Würfels zeigt einen solchen Riß in der einen Ecke, bezeichnet durch einen Pfeil) oder aber es reißt im Innern, wie es in besonders deutlicher Weise Abb. 37 zeigt. Endlich kann sich aber diese Zugbeanspruchung auch dadurch ausgleichen, daß das Innere sich nicht vollständig in den dichten Osmondit umwandelt, sondern zum Teil einen lockeren Gefügebestandteil bildet. Das größte Volumen nimmt nun aber der Stahl im martensitischen Zustand ein — es liegt demnach der Schluß ohne weiteres nahe, daß die Anhäufung der Martensitinseln ganz im Innern der großen Stücke entsteht unter dem Einfluß der hier herrschenden starken Zugbeanspruchung. Es liegt also hier eine beachtenswerte Wirkung des Druckes auf das Zustandsdiagramm vor: eine bei einer thermischen Behandlung zu erwartende Umwandlung wird durch einen großen Unterdruck hintangehalten. Aus demselben Grunde erklärt sich auch die bei den Stücken verschiedentlich ausgebildete abwechselnde Schichtung von Martensit und Osmondit in der Uebergangsschicht: Zunächst entsteht bei der Abschreckung die ungefähr 5 mm breite Martensitschale (durch reine Abschreckwirkung). Durch die langsamere Abkühlung haben die weiter nach innen gelegenen Schichten das Bestreben, sich in Osmondit umzuwandeln, sie folgen zunächst diesem Bestreben, werden aber dann — weiter nach innen fortschreitend — durch die infolge der Osmonditbildung entstehende Zugbeanspruchung bald darin gehindert. Da nun in diesen Schichten die Abschreckwirkung immerhin noch ziemlich kräftig ist, so entsteht im Anschluß an eine schwach ausgebildete Osmonditschicht jetzt weiter nach innen durch die Zugbeanspruchung noch einmal eine Martensitschicht. Durch ihre Entstehung wird die Zugbeanspruchung in diesem Teil wieder aufgehoben oder zum mindesten stark verringert, damit fällt also auch der Grund zu weiterer Martensitbildung fort, insbesondere da ja auch die Abschreckwirkung noch weiter nach innen wieder schwächer wird. Es entsteht daher nunmehr eine größere Menge Osmondit, bis die Zugbeanspruchung ganz im Innern, wie oben ausgeführt, doch wieder so stark wird, daß auch hier bei ganz langsamer Abkühlung noch Martensit entsteht.

Es ist von Bedeutung und von Beweiskraft für die ausgeführten Erklärungen, daß bei dem Würfel mit 1,8 vH Kohlenstoff, bei dem die inneren Zugbeanspruchungen zu den großen Rissen führten, die Martensitanhäufung im Innern kaum merkbar wird, trotz der starken Abschreckwirkung, die das Stück erfuhr. Hier sind die Zugbeanspruchungen durch das Reißen aufgehoben, der Grund zur Martensitbildung im Innern fehlte also.

Damit wären die Gefügeunterschiede erklärt. Der überaus starke Zug im Innern des Stückes durch die Bildung des dichten Osmondits, der durch Risse und die besondere Gefügeausbildung deutlich in die Erscheinung tritt, wird nun aber auch, wie bereits angedeutet, eine Wirkung auf die Formenänderung der Körper beim Abschrecken haben — durch die Osmonditbildung im Innern müssen die Fragen beantwortet werden, die bei der Besprechung der Formenänderungen noch offen blieben.

Es war zu erklären: 1) die Schrumpfung der Mitte der Mantelfläche der *P*-Zylinder. Bei diesen wird sich bei der Abschreckung der Mantel zunächst im Volumen wenig ändern im Sinne einer Zusammenziehung. Die Wirkung des umfangreichen heißen Kernes äußert sich in einem Wölben der Kopfflächen nach außen, die nunmehr als Kuppen einem Zuge nach innen einen sehr starken Widerstand entgegensetzen werden. Die Osmonditumwandlung wird ihre Zugwirkung daher am Mantel zur Wirkung gelangen lassen — und da die Martensitschicht an den Mantelenden breiter ist und also hier einen widerstandsfähigen Ring bildet, wird eine Schrumpfung des mittleren Teiles des Mantels eintreten. Damit sind die Formenänderungen der *P*-Zylinder sämtlich erklärt.

2) Bei den *S*-Zylindern trat eine Ausbauchung der Seitenlinien ein, jedoch war die Ausdehnung der Durchmesser geringer, als der Martensitumwandlung entsprechen würde. Die Entstehung der Ausbauchung ist bereits oben erklärt worden, sie hat zum Grund den Widerstand des noch voluminösen Kerns; bei der Umwandlung desselben in Osmondit wird nun der Mantel insgesamt noch etwas zusammenschrumpfen und somit unter die Abmessungen, die der Martensitumwandlung entsprechen, heruntergehen.

3) Endlich ist noch zu erklären die Verkürzung der *S*-Zylinder. Der Grund für diese Erscheinung muß ebenfalls in der Bildung des dichten Osmonditkernes liegen. Die Erklärung wird daher ähnlich der unter 2) erörterten Erscheinung sein: der Osmonditkern sucht bei seiner Bildung das Gesamtvolumen zu verkleinern. Bei einer langen Form der *S*-Zylinder muß sich diese Kraft vorzugsweise in der Längsrichtung äußern und so zu einer Verkürzung führen, während bei kürzeren *S*-Zylindern nur die vorherige Längenzunahme durch Martensitbildung mehr oder weniger verschwindet.

Die festgestellten Erscheinungen hätten somit abschließende Erklärungen gefunden, die sich dahin zusammenfassen lassen, daß sich die Volumen- und Formänderungen des Stahls beim Härten zurückführen lassen auf Spannungen, die beim Härten aus zwei Gründen entstehen: Einmal dadurch, daß einzelne Teile des abzuschreckenden Körpers bereits niedrige Temperaturen erreicht haben, daher schon ein geringeres Volumen einnehmen, während andere mit ihnen fest verbundene noch höher erhitzt sind und somit noch größere räumliche Ausdehnung besitzen — diese Spannungen wären als rein physikalische zu bezeichnen. Anderseits treten Spannungen auf dadurch, daß — ebenfalls infolge der verschieden schnellen Abkühlung verschiedener Stellen — im gehärteten Stahl Gefügebestandteile auftreten, die durchaus verschiedener Natur, vor allem von ganz verschiedenem Volumen sind — es treten gerade die beiden Gefügeausbildungen auf, die in dieser Beziehung am stärksten von einander abweichen von allen, die im Stahl auftreten können. Die so entstehenden Spannungen seien als Gefügespannungen bezeichnet.

Auf diese Spannungen, und zwar auf beide Arten müssen auch die Härterisse zurückgeführt werden, die dadurch entstehen, daß das starre Material — besonders in der martensitischen Form — einen völligen Ausgleich der Spannungen durch Volumen- und Formänderungen nicht zuläßt. Zur Kennzeichnung der Härterisse sei noch ausgeführt, daß sowohl an der Oberfläche beginnende, wie auch ganz im Innern verlaufende Risse entstehen können, und zwar lassen sich die von der Oberfläche nach innen verlaufenden ausschließlich auf die physikalischen Spannungen zurückführen, während die ganz im Innern liegenden sowohl durch diese wie auch durch Gefügespannungen hervorgebracht werden können.

Es machen endlich die durch verschiedene Gefügeausbildung im Verlauf des Härtens entstehende Spannungen selbst wieder einen Einfluß geltend auf die weitere Entwicklung des Gefüges, indem sie sich auch durch Ausbildung besonderer Gefügebestandteile, die auf Grund der thermischen Vorgänge allein nicht entstehen können, auszugleichen suchen.

Es bilden somit Spannungen, Volumen- und Formveränderungen und Gefügeausbildung unter einander eine Gruppe von Vorgängen, die in der kurzen Zeit des Härtevorganges in mannigfacher Weise einer auf den anderen einwirken.

Bereits am Schlusse des ersten Teiles der Arbeit war auf verschiedene Folgerungen für die Praxis hingewiesen worden, diese lassen sich nunmehr noch vervollständigen. Zunächst ergibt sich auch aus den Versuchen und Ergebnissen des zweiten Teiles, daß die Anwendung von Härtetemperaturen nur wenig oberhalb der Perlit-Linie inbezug auf Spannungen und somit auch auf Volum- und Formenänderungen und Härterisse die günstigste ist. Es wurde am Schluß des ersten Teiles dies aus dem Auftreten der bereits dort behandelten physikalischen Spannungen gefolgert; wie sich im zweiten Teil ergibt, treten bei den größeren Stücken die Gefügespannungen, die bei einer vollen Durchwärmung des Stückes beziehungsweise einer höheren Erhitzung noch in der gleichen Richtung wie diese wirken, zu den physikalischen Spannungen hinzu.

Vor allem ist es jedoch auf Grund der Feststellungen vorliegender Arbeit möglich, die in einem Körper beliebiger Form beim Härten entstehenden Volumen- und Formenänderungen im voraus zu überlegen. Wenngleich — wie in dieser Arbeit mehrfach festgestellt — der Härteprozeß gerade in bezug auf Volumen- und Formänderungen ganz geringfügigen Einflüssen gegenüber bereits sehr empfindlich ist, so daß es wohl nicht gelingen wird, in demselben Maße wie beim Guß die Schwindungsverhältnisse auch beim Härten die Volumenänderungsverhältnisse vorher zu bestimme, so wird doch in vielen Fällen eine Rücksichtnahme auf das hier Festgestellte die Volumen- und Formänderungen einmal auf ein möglichst geringes Maß reduzieren können, anderseits sie auch wenigstens bis zu einem gewissen Grad im voraus bestimmen lassen.

Die Gefügespannungen werden praktisch in einer besonderen Hinsicht noch von Bedeutung. Es ist die Frage aufzuwerfen, ob die in dem Stück nach dem Abschrecken noch verbleibenden Spannungen durch Anlassen ausgeglichen werden können. Nach den Versuchen von Leman und Werner ist dies scheinbar der Fall, und auch in dieser Arbeit mußte die Aufhebung der physikalischen Spannungen im reinen Martensit durch Anlassen auf $150°$ angenommen werden. Bei größeren Stücken mit verschiedener Gefügeausbildung ist jedoch die Sachlage verwickelter. Wird ein solches Stück mit osmonditischem Kern und martensitischer Außenschicht angelassen, so wird der osmonditische Kern bis zu einer Anlaßtemperatur von $400°$ nicht dauernd sein Volumen verändern. Dagegen gehen in der Martensitschicht die im ersten Teil dargelegten Volumenänderungen vor sich. Es zieht sich demnach der Martensitmantel infolge der zunächst bis ungefähr $150°$ eintretenden Volumenverkleinerung zusammen. Etwa noch vorhandene Zugspannungen zwischen ihm und dem Osmonditkern — bei einem Zylinder zum Beispiel radial verlaufend — haben dadurch allerdings Gelegenheit, sich auszugleichen, dagegen kann in dem Martensitmantel selbst eine Zugspannung — bei einem Zylinder in der Richtung der Peripherie wirkend

— entstehen beziehungsweise vergrößert werden. Es ist dies die gleiche, die, wie im ersten Teil dargelegt, zu radial in einen Zylinder hineinverlaufenden Härterissen führen kann. Derartige Härterisse können daher sehr wohl auch beim Anlassen entstehen, oder bereits vorhandene können beim Anlassen vergrößert werden. Bedeutsamer noch wird das Anlassen hinsichtlich der Volumenveränderungen, wenn, wie es in der Praxis manchmal vorkommt, an einem Gegenstand nur einzelne Stellen oder Teile nach dem Abschrecken angelassen werden sollen. Es liegt auf der Hand, daß hierbei — es wird doch in solchen Fällen meist auf Temperaturen von mindestens 400° angelassen — sehr gefährliche Gefügespannungen entstehen können zwischen dem angelassenen und dem nicht angelassenen Teil. Wenn diese Spannungen auch nicht sogleich zum Reißen führen, können sie doch so stark sein, daß bereits ganz geringe mechanische Beanspruchungen das Zubruchgehen solcher Stücke bewirken können. Es wäre in solchen Fällen unbedingt darauf zu achten, daß der Uebergang von dem gehärteten Teil zu dem angelassenen allmählich ist, so daß durch die in verschiedenen Anlaßstufen befindlichen Zwischenschichten ein gewisser Ausgleich der Volumenunterschiede und damit der Spannungen geschaffen wird.

Ein Härten unter Vermeidung jeglicher Spannungen und damit der Volumen- und Formänderungen ist, wie die vorliegende Arbeit ergibt, bei reinem Kohlenstoffstahl nicht möglich; es ergibt sich aber anderseits ein gewisser Aufschluß über die Gründe dieser Erscheinungen, der ein Ueberlegen der zu erwartenden Spannungen bei zu härtenden Stücken gestattet. Durch richtige Wahl der Abschrecktemperatur und durch geeignete Formgebung kann damit bis zu einem gewissen Grade den unangenehmen Folgen der Spannungen entgegengetreten werden; besonders aussichtsreich dürfte vor allem eine Fortführung der Untersuchungen in entsprechender Weise für die Spezialstähle, insonderheit die Nickelstähle sein, da bei diesen die Gefügespannungen scheinbar in günstiger Weise verändert werden können, weil bei ihnen die Volumenunterschiede zwischen den einzelnen reinen Gefügebestandteilen an sich sehr gering sind.

Die vorstehenden Untersuchungen wurden ausgeführt in der Metallographischen Abteilung des Eisenhüttenmännischen Laboratoriums der Königl. Technischen Hochschule zu Charlottenburg.

Herrn Dozent Dr.-Ing. Hanemann, dem ich die Anregung zu dieser Arbeit verdanke und der mich bei ihrer Durchführung in der liebenswürdigsten Weise unterstützte, spreche ich hiermit meinen verbindlichsten Dank aus.